贾东 主编 建筑与文化·认知与营造 系列丛书

聚落认知与民居建筑测绘

杨绪波 编著

中国建筑工业出版社

图书在版编目（CIP）数据

聚落认知与民居建筑测绘/杨绪波编著． —北京：中国建筑
工业出版社，2013
（建筑与文化·认知与营造　系列丛书/贾东主编）
ISBN 978-7-112-15268-1

Ⅰ.①聚…　Ⅱ.①杨…　Ⅲ.①民居-建筑测量　Ⅳ.①TU241.5

中国版本图书馆CIP数据核字（2013）第055807号

责任编辑：唐　旭　张　华
责任设计：陈　旭
责任校对：陈晶晶　关　健

建筑与文化·认知与营造　系列丛书
贾东　主编

聚落认知与民居建筑测绘

杨绪波　编著
＊
中国建筑工业出版社出版、发行（北京西郊百万庄）
各地新华书店、建筑书店经销
北京嘉泰利德公司制版
北京建筑工业印刷厂印刷
＊
开本：787×1092毫米　1/16　印张：7½　字数：152千字
2013年7月第一版　2013年7月第一次印刷
定价：30.00元
ISBN 978-7-112-15268-1
　　　　（23301）

总　序

人做一件事情，总是跟自己的经历有很多关系。

1983 年，我考上了大学，在清华大学建筑系学习建筑学专业。

大学五年，逐步拓展了我对建筑空间与形态的认识，同时也学习了很多其他的知识。大学二年级时做的一个木头房子的设计，至今还经常令自己回味。

回想起来，在那个年代的学习，有很多所得，我感谢母校，感谢老师。而当时的建筑学学习不像现在这样，有很多具体的手工模型。我的大学五年，只做过简单的几个模型。如果大学二年级时做的那一个木头房子的设计，是以实体工作模型的方式进行，可能会更多地影响我对建筑的理解。

1988 年大学毕业以后，我到设计院工作了两年，那两年参与了很多实际建筑工程设计。而在实际建筑工程设计中，许多人关心的也是建筑的空间与形态，而设计人员落实的却是实实在在的空间界面怎么做的问题，要解决很多具体的材料及其做法，而多数解决之道就是引用标准图，通俗地说，就是"画施工图吹泡泡"。当时并没有意识到，这种"吹泡泡"的过程其实是对于建筑理解的又一个起点。

1990 年到 1993 年，我又回到了清华大学，跟随单德启先生学习。跟随先生搞的课题是广西壮族自治区融水民居改造，其主要的内容是用适宜材料代替木材。这个改进意义是巨大的，其落脚点在材料上。这时候再回味自己前两年工作实践中的很多问题，不是简单地"画施工图吹泡泡"就可以解决的。自己开始初步认识到，建筑的发展，除了文化、场所、环境等种种因素以外，更多的还是要落实到"用什么、怎么做、怎么组织"的问题。

我的硕士论文题目是《中国传统民居改建实践及系统观》。今天想来，这个题目宏大而略显宽泛，但另一方面，对于自己开始学习着去全面地而不是片面地认识建筑，其肇始意义还是很大的。我很感谢母校与先生对自己的浅薄与锐气的包容与鼓励。

硕士毕业后，我又到设计院工作了八年。这八年中，在不同的工作岗位上，对"用什么、怎么做、怎么组织"的理解又深刻了一些，包括技术层面的和综合层面的。有一些专业设计或工程实践的结果是各方面的因素加起来让人哭笑不得的结果。而从专业角度，我对于"画施工图吹泡泡"，有了更多的理解、无奈和思考。

随着年龄的增长及十年设计院实际工程设计工作中，对不同建筑实践进一步的接触和思考，我对材料的意义体会越来越深刻。"用什么、怎么做、怎么组织"的问题包含了诸多辩证的矛盾，时代与永恒、靡费与品位、个性与标准。

十多年以前，我回到大学里担任教师，同时也参与一些工程实践。在这个过程中，我也在不断地思考一个问题——建筑学类的教育的落脚点在哪里？

建筑学类的教育是很广泛的。从学科划分来看，今天的建筑学类有建筑学、城市规划、风景园林学三个一级学科。这三个一级学科平行发展，三者同源、同理、同步。它们的共同点在于，都有一个"用什么、怎么做、怎么组织"的问题，还有对这一切怎么认知的问题。

有三个方面，我也是一直在一个不断认知学习的过程中。而随着自己不断学习，越来越体会到，我们的认知也是发展变化的。

第一个方面，建筑与文化的矛盾。

作为一个经过一定学习与实践的建筑学专业教师，自己对建筑是什么、文化是什么是有一定理解的。但是，随着学习与研究的深入，越来越觉得自己的理解是不全面的。在这里暂且不谈建筑与文化是什么，只想说一下建筑与文化的矛盾。在时间上，建筑更是一种行为，而文化更是一种结果；在空间上，建筑作为一种物质存在，它更多的是一些点，文化作为一种精神习惯，它更多的是一些脉络。就所谓的"空"和"间"两个字而言，文化似乎更趋向于广袤而延绵的"空"，而建筑更趋向于具体而独特的"间"。因而，在地位上，建筑与文化的坐标体系是不对称的。正因为其不对称，却又有着这样那样的对应关系，所以建筑与文化的矛盾是一系列长久而有意义的问题。

第二个方面，营造的三个含义。

建筑其用是空间，空间界面却不是一条线，而是材料的组织体系。

建筑其用不止于空间，其文化意义在于其形态涵义，而其形态又是时间的组织体系。

对营造的第一个理解，是以材料应用为核心的一个技术体系，如营造法式、营造法则等。中国古代建筑的辉煌成就正是基于以木材为核心的营造体系的日臻完善。

对营造的第二个理解，是以传统营造为内容的研究体系，如先辈创办的中国营造学社等。

对营造的第三个理解，则是符合人的需要的、各类技术结合的体系。并不是新的快的大的就是好的。正如小的也许是好的，我们认为，慢的也许是更好的。

至此，建筑、文化、认知、营造这几个词已经全部呈现出来了。

对建筑、文化、营造这三个概念该如何认知，是建筑学类教育的一个基本命题。

第三个方面，建筑、文化、认知、营造几个词汇的多组合。

建筑、文化、认知、营造几个词汇产生很多组合，这里面也蕴含了很多互动关系。如，建筑认知、认知建筑，建筑营造、营造建筑，建筑文化、文化建筑，文化认知、认知文化，文化营造、营造文化，认知营造、营造认知，等等。

还有建筑与文化的认知，建筑与文化的营造，等等。

　　这些组合每一组都有一个非常丰富的含义。

　　经过认真的考虑，把这一套系列丛书定名为"建筑与文化·认知与营造"，它是由四个关键词组成的，在一定程度上也是一种平行、互动的关系。丛书涉及建筑类学科平台下的建筑学、城乡规划学、风景园林学三个一级学科，既有实践应用也有理论创新，基本支撑起"建筑、文化、认知、营造"这样一个营造体系的理论框架。

　　我本人之《中西建筑十五讲》试图以一本小书的篇幅来阐释关于建筑的脉络，试图梳理清楚建筑、文化、认知、营造的种种关联。这本书是一本线索式的书，是一个专业学习过程的小结，也是一个专业学习过程的起点，也是面对非建筑类专业学生的素质普及书。

　　杨绪波老师之《聚落认知与民居建筑测绘》以测绘技术为手段，对民居建筑聚落进行科学的调查和分析，进行对单体建筑的营造技术、空间构成、传统美学的学习，进而启迪对传统聚落的整体思考。

　　王小斌老师之《徽州民居营造》，偏重于聚落整体层面的研究，以徽州民居空间营造为对象，对传统徽州民居建筑所在的地理生态环境和人文情态语境进行叙述，对徽州民居展开了从"认知"到"文化"不同视角的研究，并结合徽州民居典型聚落与建筑空间的调研展开一些认知层面的分析。

　　王新征老师之《技术与今天的城市》，以城市公共空间为研究对象，对 20 世纪城市理论的若干重要问题进行了重新解读，并重点探讨了当代以个人计算机和互联网为特征的技术革命对城市的生活、文化、空间产生的影响，以及建筑师在这一过程中面临的问题和所起到的作用，在当代建筑和城市理论领域进行探索。

　　袁琳老师之《宋代城市形态和官署建筑制度研究》，关注两宋的城市和建筑群的基址规模规律和空间形态特征，展示的是建筑历史理论领域的特定时代和对象的"横断面"。

　　于海漪老师之《重访张謇走过的日本城市》，对中国近代实业家张謇于 20 世纪初访问日本城市的经历进行重新探访、整理、比较和分析，对日本近代城市建设史展开研究。

　　许方老师之《北京社区老年支援体系研究》以城市社会学的视角和研究方法切入研究，旨在探讨在老龄化社会背景下，社区的物质环境和服务环境如何有助于老年人的生活。

　　杨鑫老师之《经营自然与北欧当代景观》，以北欧当代景观设计作品为切入点，研究自然化景观设计，这也是她在地域性景观设计领域的第三本著作。

　　彭历老师之《解读北京城市遗址公园》，以北京城市遗址公园为研究对象，研究其园林艺术特征，分析其与城市的关系，研究其作为遗址保护展示空间和城市公共空间的社会价值。

　　这一套书是许多志同道合的同事，以各自专业兴趣为出发点，并在此基础上的不断实践和思考过程中，慢慢写就的。在学术上，作者之间的关系是独立的、自由的。

这一套书由北京市教育委员会人才强教等项目和北方工业大学重点项目资助，以北方工业大学建筑营造体系研究所为平台组织撰写。其中，《中西建筑十五讲》为《全国大学生文化素质教育》丛书之一。在此，对所有的关心和支持表示感谢。

我们经过探讨认为，"建筑与文化·认知与营造"系列丛书应该有这样三个特点。

第一，这一套书，它不可能是一大整套很完备的体系，因为我们能力浅薄，而那种很完备的体系可能几十本、几百本书也无法全面容纳。但是，这一套书之每一本，一定是比较专业且利于我们学生来学习的。

第二，这一套书之每一本，应该是比较集中、生动和实用的。这一套书之每一本，其对应的研究领域之总体，或许已经有其他书做过更加权威性的论述，而我们更加集中于阐述这一领域的某一分支、某一片段或某一认知方式，是生动而实用的。

第三，我们强调每一个作者对其阐述内容的理解，其脉络要清楚并有过程感。我们希望这种互动成为教师和学生之间教学相长的一种方式。

作为教师，是同学生一起不断成长的。确切地说，是老师和学生都在同学问一起成长。

如前面所讲，由于我们都仍然处在学习过程当中，书中会出现很多问题和不足，希望大家多多指正，也希望大家共同来探究一些问题，衷心地感谢大家！

贾　东

2013 年春于北方工业大学

目　　录

总　序

第 1 章　绪论 / 001
　　1.1　民居建筑测绘与聚落的认知 / 001
　　1.2　聚落的认知意义 / 001
　　1.3　本书的章节与结构 / 001

第 2 章　聚落认知概述 / 002
　　2.1　聚落的概念 / 002
　　2.2　聚落分布的特点 / 003
　　2.3　聚落认知的三个视角 / 005
　　2.4　聚落认知的调研 / 009
　　2.5　民居建筑的测绘 / 010

第 3 章　江苏同里古镇 / 011
　　3.1　同里镇聚落特色 / 011
　　3.2　同里镇建筑特色 / 012

第 4 章　云南丽江古城 / 030
　　4.1　丽江古城聚落特色 / 031
　　4.2　丽江古城建筑特色 / 033

第 5 章　云南昆明龙泉古镇 / 051
　　5.1　龙泉镇聚落特色 / 051
　　5.2　"一颗印"民居建筑特色 / 053

第 6 章　内蒙古多伦诺尔镇 / 078

　　　6.1　多伦诺尔镇聚落特色 ／ 078

　　　6.2　多伦诺尔镇建筑特色 ／ 080

参考文献 / 111

后　　记 / 112

第1章 绪论

1.1 民居建筑测绘与聚落的认知

传统民居建筑类测绘是建筑测绘的主要内容之一。在传统民居建筑测绘的过程中能够加深对民居单体的营造技术、空间构成、传统建筑美学的认知，同时能够对民居建筑群构成的传统聚落的自然环境、社会文化背景以及规划设计手法进行科学的调查和研究分析，并能综合建筑学、城市规划学、社会学等多学科进行多视角的聚落整体认知。

本书所涉及的测绘内容为地方聚落民居类的木结构、砖木结构，功能为居住、商业、庙宇和会馆建筑等。

1.2 聚落的认知意义

意义之一：利于传统聚落的文化传承。传统聚落代表着一种聚居方式，表现出了独特的生活方式、社会结构、宗教信仰、建筑文化，是人类宝贵的建筑文化遗产，如同里古镇、安徽宏村、丽江古城等，这些传统聚落的空间形态、空间特点、分布组合方式、装饰细节等，承载着传统的规划建设思想与文化精髓。

意义之二：利于传统聚落的保护和更新。随着人们的生产生活方式的变化，新材料、新形式、新观念等引发了对我国地域特色文化和特色建筑的冲击。伴随着社会的发展和转变，传统聚落的功能、结构和空间也必然会发生变化，居民的生活环境亟待改善，传统聚落也需要更新改造，以适应社会发展的需要。因此，对传统聚落的空间特色进行系统的测绘和认知，具有很重要的现实意义。

1.3 本书的章节与结构

本书内容包括6个章节，重点为4处传统聚落建筑测绘成果部分。

第1章"绪论"。本章主要阐述了民居测绘及聚落研究的背景及意义。

第2章"聚落认知概述"。概述聚落概念、聚落特点、聚落认知研究方法与民居建筑单体测绘的内容，在此基础上，总结了聚落认知的三个视角。

第3~6章为聚落认知实例和测绘图纸。以4个不同的聚落实例及测绘图纸对聚落、民居建筑进行分析、展示。

第2章 聚落认知概述

2.1 聚落的概念

"聚落"一词在《辞海》里解释为"村落里邑"、"人聚居的地方",是一种在生产与生活活动中形成的社会共同体的居住形态,是人类聚居的基本模式,大至城市、乡村,小至一组相对独立的建筑群,都是建筑聚落的表现形式。

关于聚落的定义,每个学科都有相应的理解,考古学、地理学、历史学、社会学、经济学等,各有侧重。比如在考古学中,聚落所指的是一种处于稳定状态、占据一定地理空间并延续一定时间的史前文化单位;在人文地理学中,聚落也被称为人口的文化景观,是人类的居住活动所创造的最为典型的人文环境。

本书所讨论的"聚落"包含范畴较广,即传统意义上的"古村落"这一最为原始的人类聚居形式,还有古镇、城市历史街区这两种较大尺度的聚落空间,并以我国的传统村、镇作为主要的论述对象。

典型聚落实例[①]   表 2-1

	实例	特点
商业古镇	丽江古城、同里镇	聚落所处的山水环境以及古镇格局,乃至街巷和院落,都是历史上留存下来的。这类古镇现存不多,因此十分珍稀,具有很高的保护价值
民族村落	摩梭民居、甘南藏族村落	在少数民族地区,聚落布局及建筑形式都极具特色,但这类地区经济相对落后,要注重保护民族地方特色及传统文化

---

① 表2-1图片来源:丽江古城、牟氏庄园图片为作者拍摄,其他图片来源于网络资源。

续表

	实例	特点
家族聚落	福建土楼、山东栖霞牟氏庄园	这类聚落实际是一个家族或同姓、同族人聚居，由一个先祖建起主要建筑院落，然后逐渐外延，这种聚落的规划格局十分完整，建筑密集，质量也较好

传统古村	北京爨底下村、皖南宏村	这类聚落保存相对完整，有传统的历史风貌，有整体的规划格局，整个村子可能是有意识地按某种理念规划布局的，也有顺应自然而自发形成的，但都能反映一种规划理念，还存有传统工艺、民俗等

2.2　聚落分布的特点

中国传统聚落的类型十分丰富，有的按地域和历史文化背景分布，有的按聚落的组团形式来分类。单德启教授从地域和特点上分类，把聚落划分为 22 类。

传统民居分类、分布地区和基本特征　　　　　　　　表 2-2

序号	名称	分布地区	平面和空间特征	造型特征	材料、结构、色彩	聚落特征	精神中心或交往中心
1	四合院	京、冀、晋、辽	中轴对称，前后院，正厢房，平面方整封闭	双坡硬山、筒瓦	砖木抬梁结构，灰墙青瓦	坐北朝南、街坊胡同式按轴线组合	单体正房祭供神、祖
2	合院	华北农村集镇、山东	不严格中轴对称，正房三、五间加一侧厢房合院	双坡硬山、泥苇铺顶	砖木或块石混合抬梁，多为黄土		同上
3	三坊一照壁、四合五天井	云南大理白族和丽江纳西族	中轴对称，方整封闭之三合院、四合院	双坡硬山或悬山、封檐、筒瓦、屋脊生起、大影壁铺地	穿斗、抬梁混合灰砖墙或白粉砖边青瓦，装饰丰富	街巷毗邻组合、农房行列式排列、村入口大照壁	主庙、庙前戏台、方形广场

续表

序号	名称	分布地区	平面和空间特征	造型特征	材料、结构、色彩	聚落特征	精神中心或交往中心
4	少城四合院	四川成都	中轴对称，前后院，无耳房	双坡悬山、蝴蝶瓦，注重大门檐顶的变化	砖木穿斗结构，灰墙青瓦	坐北朝南、街坊胡同式按轴线组合	
5	闽南四合院	闽东南、粤北、台湾	中轴对称，多层套院，平面方整，封闭，有护厝	多双坡硬山、蝴蝶瓦，屋脊起翘大，封火山墙优美	穿斗木色，有砖、石板、土等多重材料，装饰华丽	散点、散点聚合和街巷毗邻组合兼有	厅堂供奉主灵，聚落有妈祖庙等
6	土楼	闽南、粤北	方形、圆形集团民居，中轴对称，封闭式内庭院	堡垒式圆筒或方筒状，外实内虚	青砖青瓦或夯土厚墙木坡顶构架	散点聚合	内院中有家庙
7	徽州民居	皖南、赣东北	方整封闭，中轴对称，半敞开厅堂连狭窄天井，多为二层	粉墙青瓦、马头墙组合、大门罩	空斗砖木穿斗架与抬梁混合构架，多砖石雕、木雕	多沿溪线状组合，聚落密集、街巷狭小，青石板路	厅堂供奉，聚落外有水口，内有祠堂，多石牌坊
8	一颗印	云南昆明地区	平面方整、中轴对称，兰门四耳内为楼井	外围高墙、单双坡、青瓦，状似方印章	土坯木穿斗架，土黄色彩，有门罩	自由、密集组合	
9	竹楼	滇西南，傣、景颇、基诺等民族聚居区	矩形，架空二层，多挑台挑廊，开放式院落	挑廊，开放式院落，歇山式四坡大屋顶，上实下虚	20～40根竹木支撑，穿斗架草或瓦顶，竹墙	村寨团聚组合	二层正房火塘禁忌，聚落井台，庙宇为交往中心
10	干栏木楼	桂北、黔东南、湘西、鄂西一带，侗、苗、壮、瑶等族聚居区	矩形，架空2～3层，多挑台挑廊	双坡大悬山顶，多有山墙面大披檐，上实下虚	穿斗架木构木板墙，瓦或树皮顶；瑶族为竹干栏	多沿山坡密集聚合，侗家多居河槽，故寨边有风雨桥	侗族鼓楼和鼓楼坪、戏台，苗族芦笙柱、芦笙坪，均有火塘
11	吊脚楼	川西峨嵋、重庆等地区；黔东山地水乡等	平面方整但多跳层，加接空间分隔极灵活	带大披檐双坡悬山顶	木穿斗架，木或竹编泥墙，小青瓦或树皮顶	墙、小青瓦或树皮顶沿山坡、河谷走向，灵活组合聚集	
12	圆竹楼	台湾阿里山区曹人和台东卑南人	平面圆形，架空二层，歇山或攒尖顶，多支撑	高架楼居，上实下虚	竹构、竹编墙、草顶，色彩自然		
13	地坑窑	豫、晋、陕、甘平原地区	地面下方形深坑，沿坑面凿窑，土阶道出入	拱券符号	生土券洞券门，亦有以砖石加固保护，黄土色调	数户乃至十多户聚居	
14	沿崖窑	豫、晋、陕、甘丘塬地区	在天然山坡凿窑，常数穴相通，可窑外围场院	拱券符号	同上	沿等高线横向展开，多层聚合	
15	锢窑	豫、晋、陕、甘地区	1～2层拱券式房组合院落	拱券符号	砖、石、土坯等构筑，黄土色调	灵活组合	
16	土掌房	滇中哀牢山彝族地区	矩形平面，一层组合或沿坡跳层叠加	封闭、方整，如蹲虎状	土坯或土筑墙，密木平铺，覆树枝泥顶	多沿山丘毗邻，底层顶可作二层外通道	

序号	名称	分布地区	平面和空间特征	造型特征	材料、结构、色彩	聚落特征	精神中心或交往中心
17	土筑房	陕、甘等地区	矩形平面，一明两暗，土围墙围合场院	平顶或缓坡顶，山墙和后墙顶上升起耸状	土坯或夯土墙，木构架或硬山搁檩泥顶，黄土色调	平原聚集，山丘散点布置	
18	庄廓	青海东部	四面围合，小庭内廊，1～2层，单体矩形平面	外墙厚重，封闭，注重大门装修	木构抬梁硬山缓坡，泥、瓦顶，墙面下卵石、上生土	城镇街坊布局，乡村团聚或数点	中堂祭祀，庭院供奉，土地聚落中心为清真寺或城隍庙
19	半地穴民居	台湾台中泰雅人，兰屿岛雅美人	矩形平面，卵石凹下1.5米，多深筑屋	屋身多半在地平线下，卵石竹草，形态自然	木构抬梁、双坡，竹檩萱草或半竹屋面，竹编墙	聚落松散	室内有祭祀空间
20	碉房	西藏和青海，四川藏族地区	内天井周围房屋，二层以上，周边围廊	堡垒状、石岗形象，厚重、较封闭	石块砌筑，木架泥顶	沿山坡聚集，城镇街坊组合	室内供神龛，聚落有喇嘛庙
21	蒙古包	北部、西北部蒙古族、哈萨克族及塔吉克族聚居区	半圆体空间	包状形象	木立柱，木条扎半球骨架，视季节盖毛毡、苇子等	散点聚集	室内火塘中心
22	高台民居	新疆喀什地区	室内包括地下半地下，地面和屋顶空间	平顶方体组合，厚重、封闭，有风塔	50～80土坯夯土承重墙，木构或石拱承重，白色	街坊组合	室内神龛，聚落清真寺及中心广场

2.3　聚落认知的三个视角

　　单德启教授将传统聚落的特点归纳为：天人合一的生态观、虚实相生的形态观、雅俗兼备的情态观，三者有机地统一于一体。如同一个人，有他的生命机制、有他的物质躯体、有他的情感品格。从宏观角度分析，聚落空间由自然生态、人工物质和精神文化三类空间组成。

　　自然生态空间要素包括地形、地貌、水文、土地、矿产及生物等自然资源，是聚落生存之源。

　　人工物质空间要素由耕地、宅地、道路、广场等多种因素共同组成，构成聚落人口生产、生活和居住的多功能活动空间。

　　精神空间要素由自然山水景象、血缘情感、人文精神、乡土文化组成，构建出充满自然生机和文化情感的精神空间。

2.3.1　生态观——自然生态的认知

　　聚落的区位选择、内部结构和外部形态也无不受到自然条件的影响。聚落的选址主要受地质、地形地貌、气候、水源等自然因素影响。人们不自觉地通过聚落的区位选择来体现对自然环境的适应，选择那些地质灾害少、气候适宜、阳光

按照自然生态环境分类法划分的聚落特征[①]　　　　表 2-3

类型名称	典型特征	照片	实例
水乡型	村落多沿河呈带状空间布局，水陆平行、河街相ּ依，民居临水而建，构成小桥、流水、人家的特色水乡风情		周庄镇、同里镇、西塘镇、乌镇、甪直镇
平原型	村落多以"十"字街为基本骨架，建筑高度变化较小，民居排列整齐有序，街巷近似横平竖直，景观变化单调		张谷英村、大旗头村、鹏城村、冉庄村
山地型	建筑依山就势，起伏较大，方位、形状较为自由、灵活，多用石材，街巷蜿蜒曲折，村落外轮廓线变化较为丰富		涞滩镇、西沱镇、双江镇、爨底下村、田螺坑村
高原型	建筑形式厚重，多用泥土、土坯、石块等砌筑墙体，多与自然紧密融合，平面布局紧凑，封闭以利于保温、防风沙		静升镇、西湾村、党家村、张壁村

充足、水源可靠以及土地肥沃的地方。

　　传统聚落以新的物质形态存在于自然环境中，对环境系统产生作用，依山傍水是传统乡土民居聚落最基本的原则之一。聚落依山就势、负阴抱阳，这就拥有了大自然赋予人类的生机良好的地势、充沛的阳光、不竭的源泉、绿色的视野。聚落依山而筑，三面群山环绕，南面敞开，争取更多的阳光和通风。建筑物的大面积开窗均朝南、北向，结合当地地域气候特点，设外墙出檐遮阳及屋顶棚架等外遮阳方式，减少外墙吸热。

　　民居傍水而建，取水之灵秀。以浙江水乡民居聚落为例，民居与河水形成一河一街或一河二街的空间关系。又如安徽徽州民居聚落，适应水流的形态形成跨水、傍水，以顺应溪水弯曲的布局。宏村前有溪流环绕形如"腰带水"，村中有绕家穿巷的水圳。

---

① 表 2-3 图片来源：图片来源于网络资源。

2.3.2　形态观——空间特色的认知

聚落的物质空间形态与空间结构主要由巷道、公共场所及聚落地标所控制。在农业社会中，聚落发展往往是一个自发的过程。由于聚落成员对自然环境、生活方式、风水信仰和文化观念等基本达成共识，因此聚落十分注重总体格局和整体关系的构建。

聚落的人工物质空间要素：

（1）街巷道路：街巷道路是构成乡村聚落内部交通网络和聚落空间骨架的基本要素。

（2）广场空地：广场是聚落人口的集散点和公共活动场所，常常辅以牌坊、门楼等公共建筑和店铺等商业建筑，构成聚落空间的景观节点。广场往往布局在道路的拐点、交叉点、端点或桥头、村口等交通便利的地方，大多是从交通功能出发自然形成的，一般为不规则平面，面积不大。

（3）住宅建筑：住宅是聚落人工物质空间的主体构成要素。传统聚落住宅在择地选址中，往往遵循风水古训和特殊信仰，在建筑材料选择上就地取材、因材制宜，在房屋形式的选择上注重地域特色，综合反映着聚落所在区域的自然、社会和文化背景。

中国的传统建筑组合，是将不同功能的建筑空间分散成为独立的小体量建筑，按一定的诗画意境组景，庭园景物融合在建筑群中，展开多层次空间和丰富多彩的景观体系。比如江南水乡的聚落空间结合水街、水巷这种生活和交往的空间骨架，在码头、桥头和街道两侧的店铺形成了很多桥头空间、河埠空间，成为聚落中最为活跃的、最有生活气息的场所。绍兴柯桥的三桥四水中，水系、建筑、桥廊、步道穿插交汇，灵活有机，方便了交通交往和游憩。形成这种亲切的空间和宜人的尺度，主要是由于建筑分散的体量组合。

2.3.3　情态观——精神文化的认知

在一定的自然条件和传统的宗族制度下，聚落的空间组织常渗透着传统文化的内涵和深刻的哲理寓意。"天人合一、物我同一"的中国哲学思想反映着人与环境的协调关系。在聚落的选址、布局，住宅的设计、营建中追求天、地、人的和谐，强调人与物的同构，从物质的层面到精神的层面把"外适内和"当成聚落环境和居住品质的最高境界。

对聚落情态观的认知侧重以下 3 个角度：

（1）历史的角度：地方文化的发展演变，人文氛围的诠释，聚落形成的历史背景。

（2）社会的角度：这种方法注重聚落的结构和形态以及他们背后的社会组织和对生活的诠释，注重探究聚落的整体性以及住区的空间结构和居住形态。

（3）文化景观的角度：聚落是人、地关系的地域社会综合体。聚落是最重要的文化景观。

我国的人文景观可分为东部人文景观区和西部人文景观区，其对应的区域文化分别是东部汉族农耕文化和西部少数民族游牧文化。不同文化区域中的聚落反映着不同的历史发展进程，代表了一定地域的文化特征，其聚落景观、民居建筑形式以及民风民俗也呈现出较为明显的地域差异。

按照文化分类法划分的聚落类型及特征　　　　　　　　表2-4

类型名称	文化民俗特征	民居建筑形式	实例
东部人文景观区（汉族农耕文化）			
关东文化型	农耕文化与游猎文化相交融，民间二人转	东北大院、井干、屋坑	水陵镇
齐鲁文化型	儒学，鲁菜，民风粗犷古朴、豪爽热烈	渔村民居	朱家峪村
燕赵文化型	文化民俗悲壮、高亢、质朴、富"正统性"	四合院	灵水村、暖泉村
三晋文化型	多文化交流碰撞，王气，富贵，晋商文化	窑洞	静升镇、西湾村
三秦文化型	北方与西域文化交融，激昂的秦腔，剪纸	窑洞、套院	党家庄村
荆楚文化型	龙舟竞渡，勇武进取，湘绣，花鼓，采茶	干栏式民居	流坑村、张谷英村
吴越（徽）文化型	吴侬软语，民风细腻、委婉、雅致，苏绣、越瓷，苏菜，丝竹，昆曲，评弹，徽商	水乡民居、江南园林、徽派建筑	周庄镇、乌镇、渝园村、西递村、宏村
岭南文化型	移民，家族，宗教文化，闽、粤语，客家话	土楼、竹筒屋、侨乡雕楼	田螺坑村、自力村
巴蜀文化型	蜀道难，蜀锦，川菜，热烈、诙谐高亢	吊脚楼	涞滩镇、西沱镇
西部人文景观区（少数民族游牧文化）			
新疆文化型	农牧交错，性格刚毅彪悍，音乐高亢苍凉	阿以旺、毡包	鲁克沁镇、麻扎村
蒙古文化型	游牧文化，戈壁，逐水草而居，善骑射	毡包、碉楼	美岱召村
云贵文化型	农耕，渔猎文化，对山歌，泼水节	竹楼、木楼、井干民居	肇兴侗寨、娜允镇
青藏文化型	游牧，耐寒冷，性格刚毅，音乐高亢苍凉	碉楼、方室	

2.3.4　生态、形态、情态的密切关系

可以看出，聚落的三类空间要素之间存在着密切的关系，形态（人工物质）空间既是对生态（自然生态）空间的适应，也是情态（精神文化）空间的体现，因而是聚落空间的核心。

形态（人工物质）空间可以分为表象和结构两个层次，表象层次中，以聚落中的实体要素为主。结构层次以各种要素的系统、组合和结构关系为主。

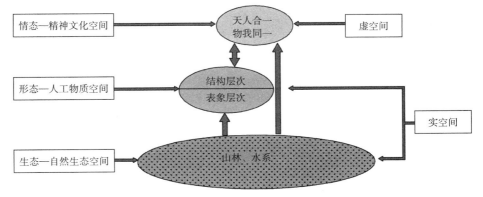

图 2-1　生态、形态、情态的关系

形态空间表象层次和结构层次的关系　　　　　　　表 2-5

情态观——整体思维方式、综合功利的价值观

↑

表象层次——聚落	结构层次	表象层次——建筑
1. 聚落位置、整体团组形象、景观 2. 植被和绿化、水口和风水林 3. 入口或寨门、聚落边界 4. 水系，即水塘、水池、水圳 5. 单栋民居"细胞"，聚落中心、交往及调节空间 6. 井台、路阶、桥亭、券门等服务设施和建筑小品 7. 寺庙、祠堂、牌坊、戏台、鼓楼、图腾柱和广场等精神建筑和标志 8. 街巷空间、道路等	1. 聚落屋顶组合而成的天际轮廓线 2. 民居单体"细胞"组合成的团组结构 3. 道路系统和街巷空间系列 4. 各类建筑的组合系统和组合方式 5. 搭配与组合建筑材料、建筑色彩 6. 道路、水体、绿化、地形地貌与聚落空间序列和建筑群组的关系 7. 局部生态平衡系统及其与建筑物之关系 8. 建筑和空间可识别性、协调和尺度等要求的建筑"符号"系统	1. 各类房屋实体和围合的空间 2. 大门、门廊、门罩、影壁 3. 边界或围墙 4. 屋顶基本形象和屋顶组合 5. 宅院或天井，宅园或水园 6. 内外装修、装饰"符号" 7. 主要建筑材料和色彩 8. 家具、陈设、匾额、楹联、字画 9. 图腾或禁忌 10. 构架、门窗、围栏、楼梯、隔扇、屏风 11. 泄水沟、水井、通风孔 12. 凉台、晒台或屋顶晒台、凹廊 13. 储藏间、牲畜棚栏、工具房和操作间、厨厕等附属建筑

↑

自然生态系统

2.4　聚落认知的调研

由于聚落的认知是系统性、整体性的工作，所以对于聚落认知主要采用文献综述、现场调研、综合分析、比较研究和实证研究等方法：

（1）文献综述：查找大量相关文献资料，了解传统聚落的发展与研究现状及相关成果，选择传统聚落研究切入点，理清传统聚落的发展脉络与历史。

（2）现场调研：现场拍摄照片，收集历史资料及勘测村落和建筑现状，全面把握，初步定位、建模、总结，以获得第一手资料。注重细节，居民访谈，专家讨论，就聚落及建筑特色空间细节进行整理、总结。

（3）综合分析：整理文献和收集第一手资料，对生态、形态、情态上的特色空间进行分析。

（4）比较与实证研究：比较类似聚落之间的特点，考虑聚落民居面临的实际问题，在各个实践案例的基础上，思考聚落文化及民居建筑的保护规划方法及对策。

2.5　民居建筑的测绘

无论是精密测绘还是法式测绘，古民居建筑测绘一般包括以下几方面的内容：

建筑测绘内容及要求　　　　　　　　　　　表 2-6

图纸	测绘内容	测绘要求
体验	观察建筑	确定建筑风格特点，确定年代、总体布局特点
总平面图	平面和环境	测绘总平面图应该准确地表现出各单体建筑之间的相对位置和间距，使其总体布局和环境一目了然，利用全站仪来辅助测量，他可以统一的坐标定点
各层平面图	轴线、台基、柱础、柱子、墙体、门窗（可简化）、周围环境、地面做法、平面楼梯、柱础编号、柱子编号、门窗编号	测绘平面时最重要的是先确定总尺寸、轴线尺寸，之后单体建筑的一切控制尺寸都应以此为根据。确定轴线尺寸后，再依次确定台明、台阶、室内外地面铺装、山墙、门窗等的位置，平面图就确定了。对于大部分的建筑，一般只需使用皮卷尺、钢卷尺、卡尺、软尺或激光测距仪就可以测出所有单体建筑的平面图
立面图	轴线、柱子、门窗、屋面（查瓦陇数）、屋面檐口的做法	测量时可以仅借助竹竿和皮卷尺、铅垂球测出高度。单层的建筑，如果有可利用的反射点，就可以通过激光测距仪测出高度，如果没有反射点，可以通过全站仪测出建筑的高度
剖面图	轴线（包括横剖面、纵剖面），柱子，梁，枋，斗栱，屋面（查椽子数和瓦陇数），屋脊及其做法	测量方法与测绘立面图的原理一样，不同的是剖面图要更清晰地表达出梁架和各层之间的构造关系
俯、仰视图		屋顶的俯、仰视图，与平面图恰好是相对应的
细部详图	门窗详图、雕饰、脊饰	包括了各种砖雕、脊饰、梁架的斗栱等部分的大样。在测绘中，最好的方法是借助数码相机拍下各个大样的正、侧、底面的照片，然后测出各个大样中重要的控制点的距离，通过比照数码照片绘出大样图

在聚落测绘的同时期也进行了大量以民居为主的历史建筑测绘，这部分测绘在结合教学的同时也服务于各地文物部门的建筑遗产保护项目，在留存历史建筑的实证资料的同时，为历史街区和文物建筑的保护规划和维修提供了基础依据。

第3章 江苏同里古镇

同里镇，江南六大名镇之一，位于太湖之畔，古运河之东，建于宋代，至今已有 1000 多年历史。《同里志》记载，五湖环境于外，一镇包含于中，镇中家家临水，户户通舟。同里镇隶属吴江市，距苏州市 18 公里，距上海 80 公里，是江南六大著名水乡之一，面积 33 公顷，为 5 个湖泊环抱，由网状河流将镇区分割成 7 个岛。古镇风景优美，镇外四面环水。

3.1 同里镇聚落特色

3.1.1 空间格局

同里古镇的总体布局遵循"因水成街、因水成市、因水成镇"的空间组织原则，顺应其网状河流特征形成团形格局，构成丰富的空间层次。第一层次是古镇大环境，古镇外湖荡环列，古镇内河港交叉，水、路、桥融为一体，建筑则依河而筑，刻意亲水，与古镇河道及周围湖泊优美的自然地理环境融合在一起。第二层次是镇区环境，建筑群体规则，富有变化，巷道幽深，院落重重。第三层次是室内空间，建筑尺度不高，天井、长窗形成了室内室外的空间穿透和流动。再加上建筑随意精练，造型轻巧简洁，色彩淡雅宜人，轮廓柔和优美，充分体现和反映了人工与自然的和谐。

3.1.2 水网与街巷系统

同里古镇水街相依，可以说水巷和街巷是古镇整个空间系统的骨架，是人们组织生活、交通的主要脉络。水巷河道是古镇水上交通的要道，同时也是居民日常生活中洗衣、洗菜、洗物、聚集、交流的主要场所。陆路街巷只是作为辅助系统，顺应河道布置，主干道与主河道平行，次一级的街巷是在河道界定的地域内划分组团，或与河道垂直，使住户能方便地到达水边，形成一个或多个围合空间的线性展开。同时，街巷也是通往各个个体单元的通道，形成主路—支路—小巷—备弄的环状多级网络系统，具有强烈的方向感和序列感。水巷与街巷相互补充，相互联系，形成平行并列的舟行与步行两套交通系统。

3.1.3 街坊构成

古镇街坊由街巷围合组成，街和巷分隔成长条形地段，并由若干院落充实。

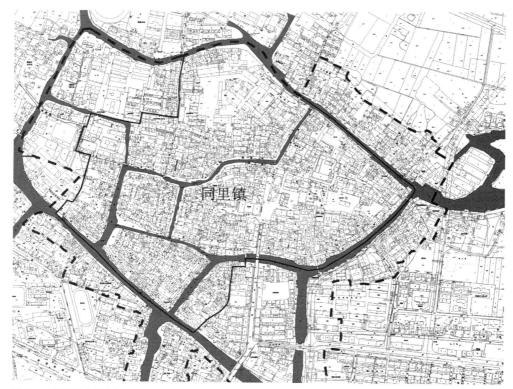

图 3-1　同里总平面图

院子多为南北向，连接院落的巷道东西向较多，也有南北向的。街坊依其布置内容及河街关系，有合院式住宅前后临河，临水型住宅前街后河，面水型住宅隔街而河，上宅下店前街后河，前店后宅前街后河等类型。他们纵向大进深发展，力争使每户面宽较小，使更多的住户、商店、作坊获得面街临河和水陆皆达的便利，并显示出"亲水"的特性。街坊的这种布局，一方面具有外向性特点，满足居民活动、游憩、交往中"闹"的需要；另一方面又具有私密性，符合居民家庭生活中"静"的需要，创造出舒适、优雅、活跃和宁静的居住环境。

3.2　同里镇建筑特色

同里传统民居是体现同里古镇传统历史风貌的最基本单元。其建筑结构通常采用木构架系统，砖墙不承重，只起围护作用。建筑形制，如开间、进深、屋架、斗栱、屋顶形式等，都有一定规格。建筑构造为小青瓦屋顶，空斗墙，立帖举架，木椽屋架，观音兜山墙或马头墙。建筑层数多为一至二层，建筑外观朴素，内部功能布局明确，每一进院的厅堂都有不同功能，分门厅、轿厅、客厅、花厅、内厅、女厅等，各厅间中轴线通道口往往建有精美的水磨砖雕花门楼，工艺精细，花饰纹样极具地方特色，形成高低错落、粉墙黛瓦、庭院深深的建筑群体风貌。

图 3-2　同里镇景观
（图片来源：根据测绘资料整理）

3.2.1　庆善堂

庆善堂位于同里镇东溪街 116 号，坐北朝南，建于民国十三年。庆善堂主房是三进三开间楼房，第一进中间石库门对外。一进和二进东部有备弄。第二进楼房三开间面阔 11.32 米，进深 9.51 米，第二进西侧后添两进一开间楼房。第三进也是三开间楼房。在后两进楼房前天井处都有精美的木雕，花纹细密，特别是后进，楼上对天井三面都挑出约 1 米，挑出处檐口有装饰花板，栏杆上有花纹木雕，连木柱上也雕有图案，雕刻花式繁多，楼上厢房内屋面下为轩结构，制作考究。

图 3-3　庆善堂南立面及内院景观（一）
（图片来源：根据测绘资料整理）

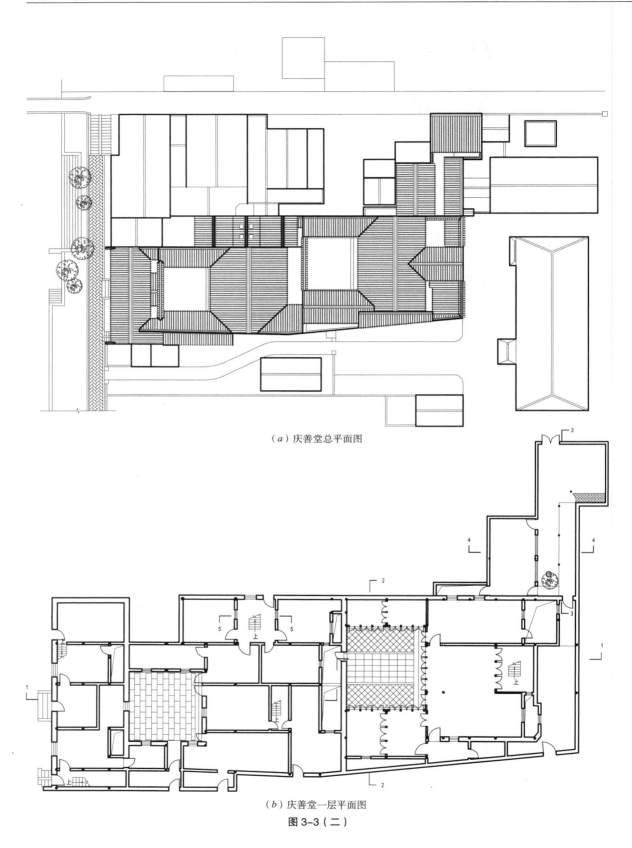

（a）庆善堂总平面图

（b）庆善堂一层平面图

图 3-3（二）

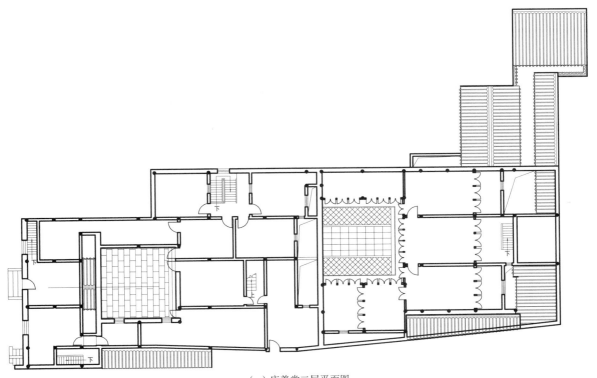

（c）庆善堂二层平面图

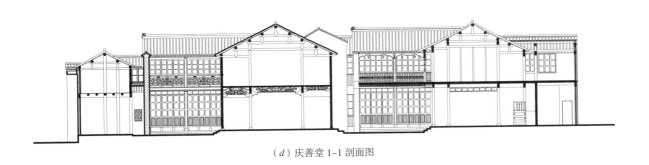

（d）庆善堂 1-1 剖面图

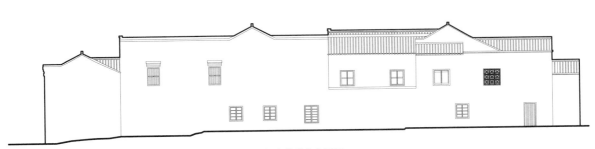

（e）庆善堂东立面图

图 3-3（三）

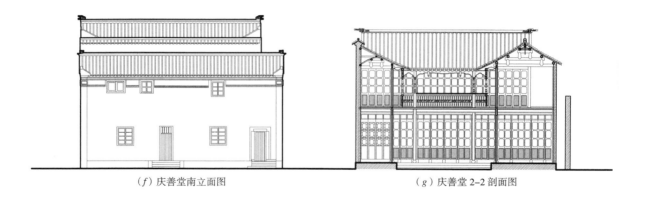

（f）庆善堂南立面图　　　　　　　　　　　（g）庆善堂2-2剖面图

（h）庆善堂北立面图

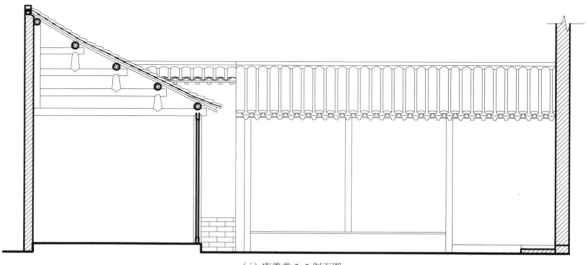

（i）庆善堂3-3剖面图

图3-3（四）

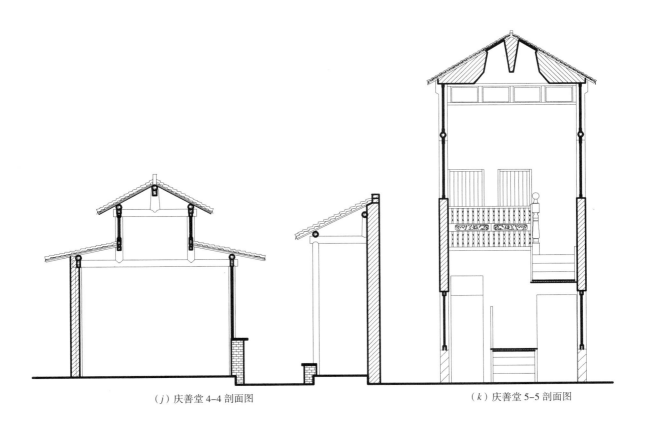

（j）庆善堂 4-4 剖面图　　　　　　　　　　　　　　（k）庆善堂 5-5 剖面图

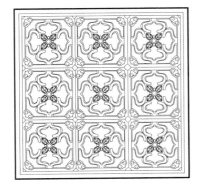

（l）庆善堂大样图

图 3-3（五）

3.2.2 杨天骥故居

　　杨天骥故居又名安雅堂，位于同里镇东溪 107 号，建于清末民初，坐北朝南，占地 723 平方米。故居原有五进，宅后有花园，现存四进，园已失存。前三进为三开间平屋。第一进为门厅。第二进为安雅堂，即杨敦颐（杨天骥之父）开办安雅书塾之地，天井内腊梅为杨敦颐所植。第三进为费孝通的父亲费璞安、母亲杨纫兰青少年时期的居住地，费达生的出生地。第四进为楼厅，两侧有厢楼，蟹眼天井内存古井，绳缆井痕，井水清澈，古韵犹存。故居平面布局自由灵活，门屋宽敞高爽。梁架穿斗与抬梁相结合，构筑简洁。雕刻集中在栏杆、轩廊部位，风格典雅，建筑具有典型的苏式民居特征，是清末民初城镇士绅阶层的典型宅第。

图 3-4　杨天骥故居立面及内院景观（一）
（图片来源：根据测绘资料整理）

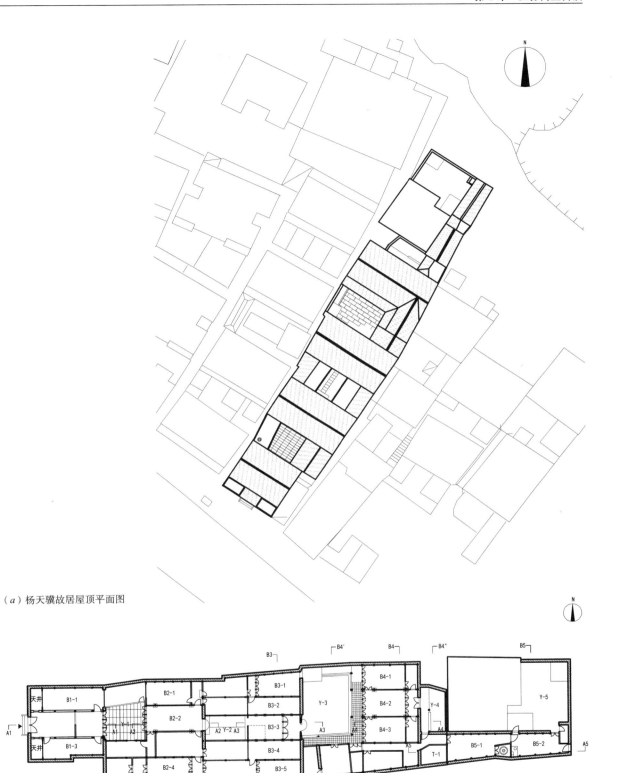

（a）杨天骥故居屋顶平面图

（b）杨天骥故居首层平面图

图 3-4（二）

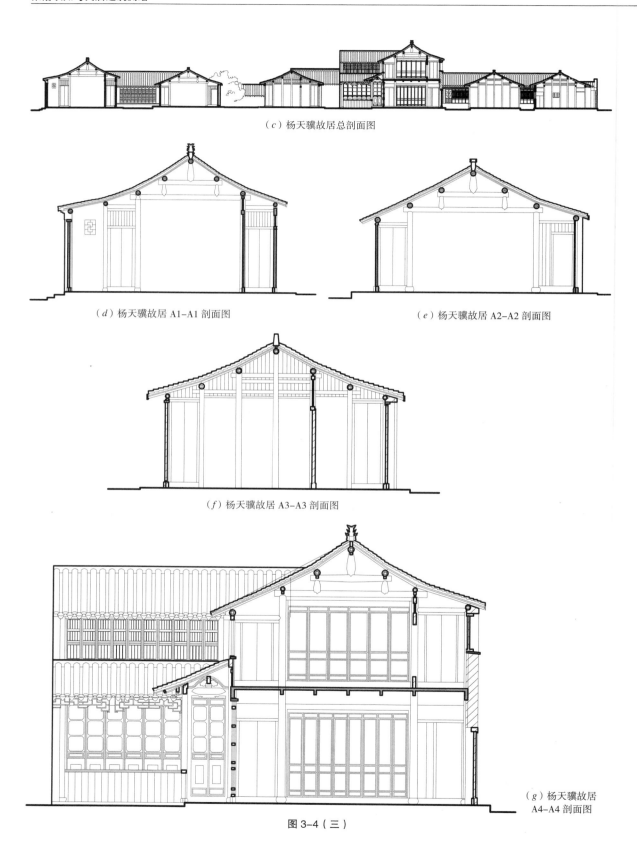

（c）杨天骥故居总剖面图

（d）杨天骥故居 A1-A1 剖面图

（e）杨天骥故居 A2-A2 剖面图

（f）杨天骥故居 A3-A3 剖面图

（g）杨天骥故居
A4-A4 剖面图

图 3-4（三）

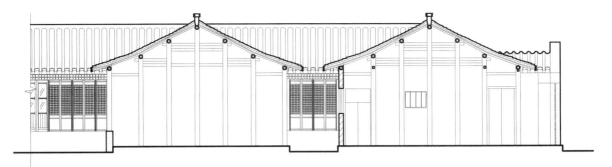

（h）杨天骥故居 A5–A5 剖面图

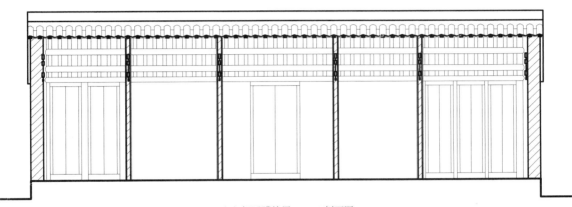

（i）杨天骥故居 B3–B3 剖面图

（j）杨天骥故居 B4–B4 剖面图

图 3-4（四）

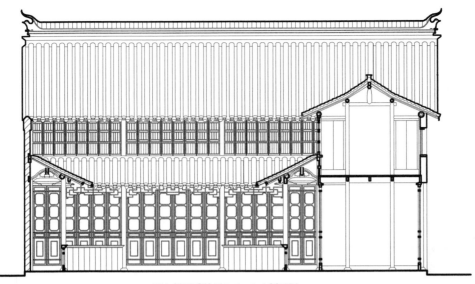

（k）杨天骥故居 B4′-B4′ 剖面图

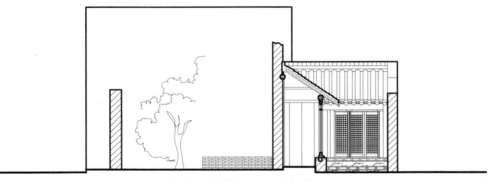

（l）杨天骥故居 B4″-B4″ 剖面图

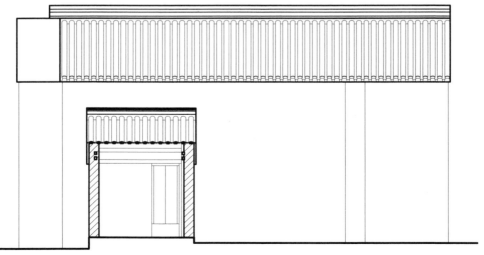

（m）杨天骥故居 B5-B5 剖面图

图 3-4（五）

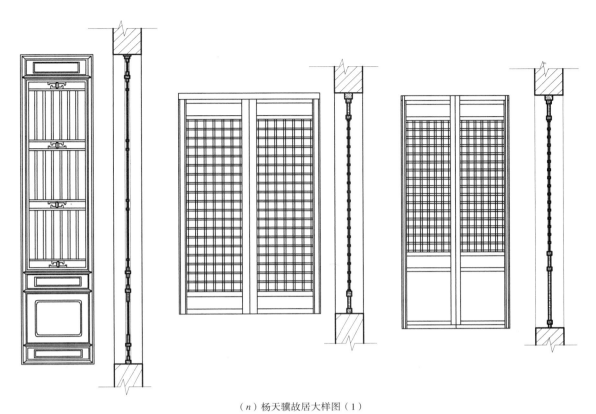

（n）杨天骥故居大样图（1）

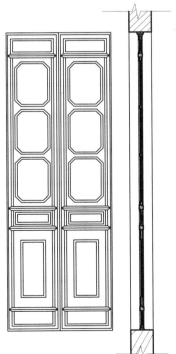
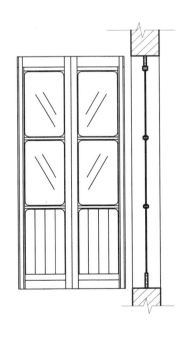
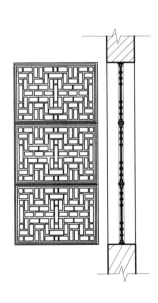

（o）杨天骥故居大样图（2）

图 3-4（六）

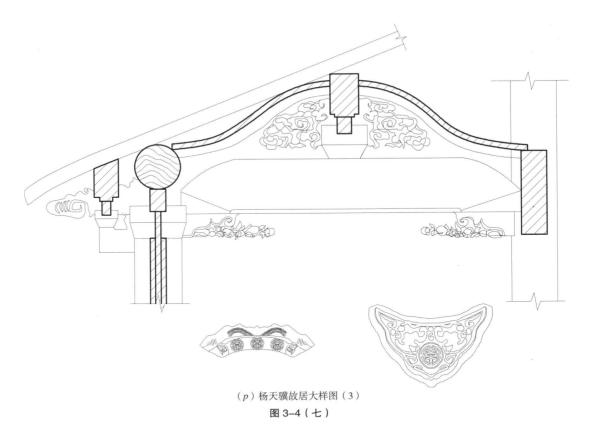

（p）杨天骥故居大样图（3）

图3-4（七）

3.2.3　卧云庵

位于同里镇上元街135号，坐北朝南。卧云庵初建于明嘉靖年间。卧云庵现尚存五开间殿宇前、后两幢，其中大殿通面宽14.92米，进深7.76米，露明三间，屋顶平缓，硬山顶，前后七檩，明、次间为减七檩飞檐，较为罕见。出檐较深，其柱头及檐口飞檐有收杀，脊檩上有彩绘，童柱呈方形，结点上均有斗栱连接，柱粗矮。该庵房屋结构、建筑形制仍保留明代格局。

图3-5　卧云庵正殿及入口（一）

（图片来源：根据测绘资料整理）

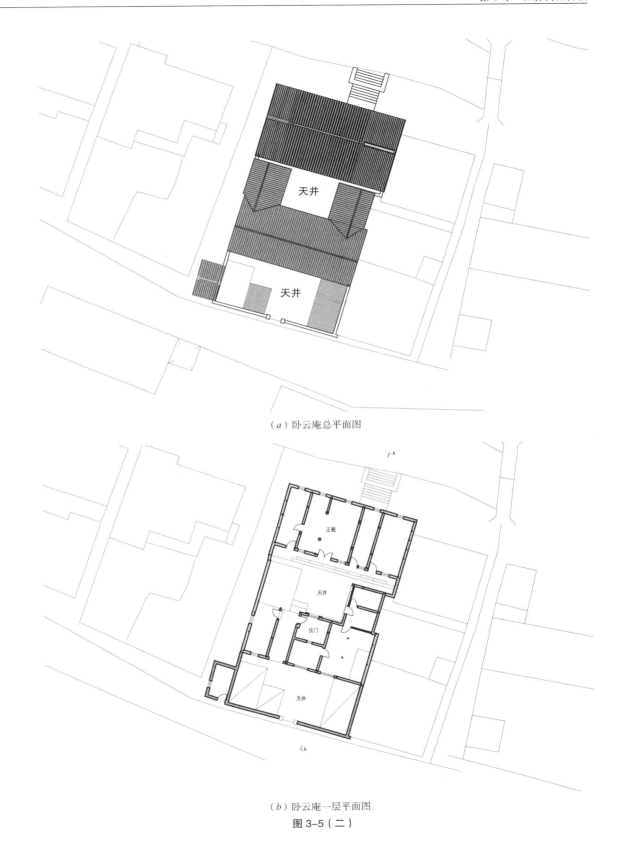

（a）卧云庵总平面图

（b）卧云庵一层平面图

图 3-5（二）

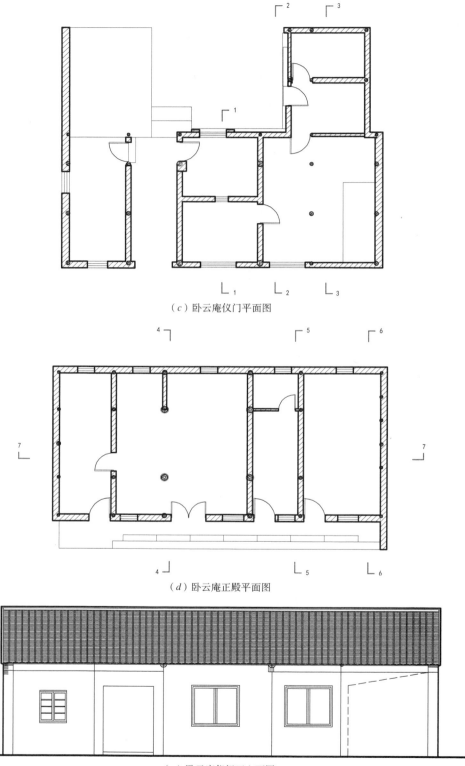

（c）卧云庵仪门平面图

（d）卧云庵正殿平面图

（e）卧云庵仪门正立面图

图3-5（三）

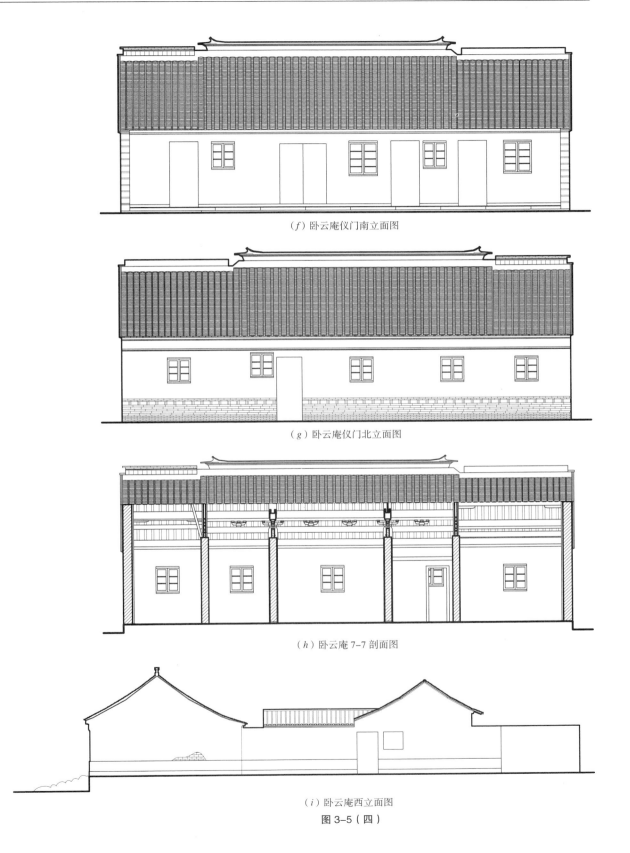

（f）卧云庵仪门南立面图

（g）卧云庵仪门北立面图

（h）卧云庵 7-7 剖面图

（i）卧云庵西立面图

图 3-5（四）

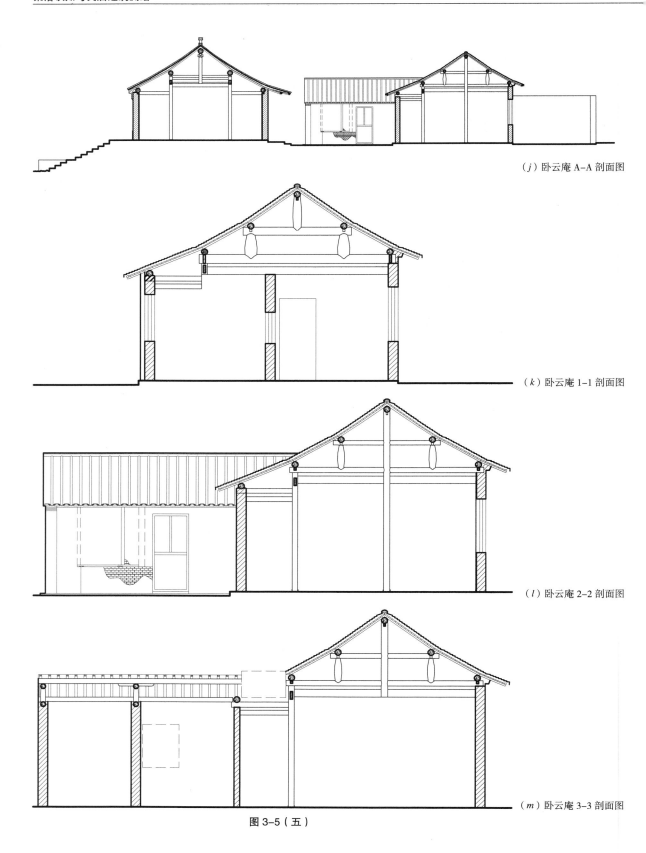

（j）卧云庵 A–A 剖面图

（k）卧云庵 1–1 剖面图

（l）卧云庵 2–2 剖面图

（m）卧云庵 3–3 剖面图

图 3–5（五）

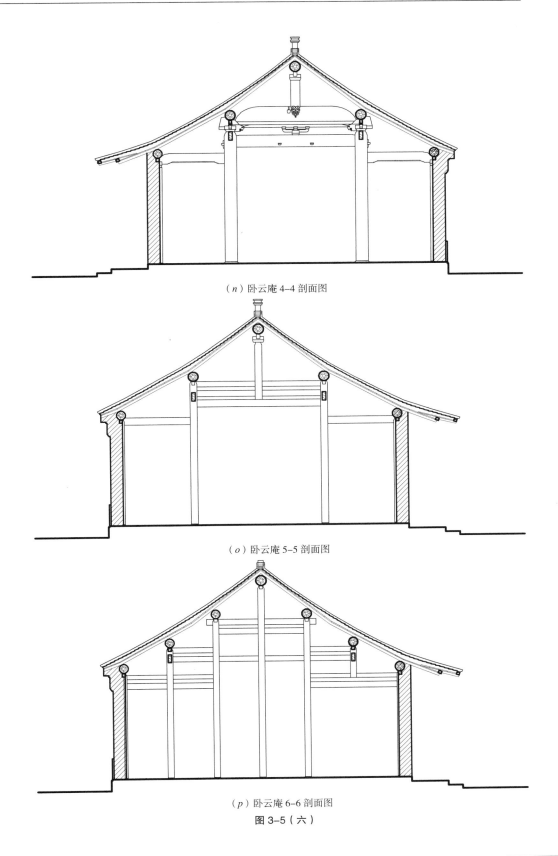

（n）卧云庵 4-4 剖面图

（o）卧云庵 5-5 剖面图

（p）卧云庵 6-6 剖面图

图 3-5（六）

第4章 云南丽江古城

丽江古城位于云南省西北部，地处滇、川、藏交通要道，是纳西、汉、藏、白等民族文化、经济交往的枢纽，是南方"丝绸之路"和"茶马古道"的重镇，是三个世界遗产汇集于一处的旅游胜地（世界文化遗产丽江古城、世界记忆遗产东巴古迹文献、世界自然遗产三江并流），管辖 69 个乡镇，总人口 110 多万，每年接待世界各地游客 400 多万人，其中，外国游客约 50 万人。丽江自古就是一个多民族聚居的地方，有纳西、彝、傈僳等 22 个少数民族。多彩多姿、复杂多变的自然地理环境孕育了丰富的历史文化、宗教文化、经济形态、岁时礼俗。旅游业和民族文化产业在当地经济和社会发展中优势明显，发挥越来越重要的作用。

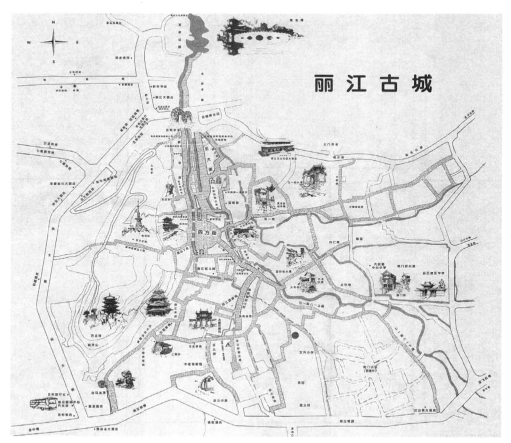

图 4-1 丽江古城总平面图
（图片来源：丽江古城简介）

4.1　丽江古城聚落特色

　　丽江古城始建于宋末元初，是元代丽江路宣抚司、明代丽江军民府和清代丽江府驻地。距今已有 800 多年的历史，面积约 3.8 平方公里，海拔 2416 米，现有土著居民 6200 多户，人口 2.5 万，其中，纳西族居民占 90% 左右。世界文化遗产丽江古城由大研古城、束河古镇、白沙古建筑群组成，丽江古城是我国被列入"世界文化遗产"的两座古城之一，具有极高的民族文化历史价值和建筑艺术价值。

图 4-2　丽江古城景观 1
　（图片来源：作者拍摄）

4.1.1　依山傍水，因地制宜

　　古城选址独特，布局上充分利用地形及周边自然环境，北依象山、金虹山，西枕狮子山，东面和南面与开阔的坪坝自然相连，既避开了西北寒风，又朝向东南光源，形成了坐靠西北，放眼东南的整体格局。正因为古城选址的精妙，铸就了古城"冬无严寒，夏无酷热"的宜居环境。

　　古城内水源来自于城北象山脚下的玉泉河，它分三股入城后又分成无数支流，穿街绕巷，形成全城水网，营造出一幅"家家门前绕水流，户户屋后垂杨柳"的图画。

4.1.2 逐水而居，与水相融

纳西族自古就有"逐水而居"的生活特征，其民居布局与城市水网的关系密不可分。古城民居多建于溪流一侧，利用古城支流提供居民日常的生活水源。建筑与水的关系大致可以分为三种类型，即筑沟引水、借水入宅和枕水而居。

筑沟引水——在民居附近修筑水沟，利用玉泉河支流引入沟内形成人工水系，与街道并列或穿越街道，供居民饮用或洗涤之用，多余的水资源则用于农田灌溉。

借水入宅——为满足各家内部用水需要，有些民居在院落围墙下开凿沟渠，将门外河道或溪流内的水引入院落水池内，居民足不出户便可采集生活用水。

枕水而居——除临水而建外，有些民居的部分用房直接跨水而建或悬挑出河面以增加住宅使用空间的面积。这些用房大多为厨房、商铺等附属空间，卧室等主要空间一般与街面有一段距离，以防潮、减噪。

4.1.3 向心布局，放射延伸

丽江古城传统聚落的发展一般是围绕一个公共活动中心而向外延伸，其民居布局主要围绕于一个中心广场——四方街而展开。四方街是市民进行集市交易和商业活动的场所，面积不大，例如古城区内四方街占地约 4000 平方米，地势平坦而方正。广场中心一般会设置塔楼，成为区域的制高点及重彩景观，不但可以起到标识作用，对汇集于广场的各条街道还可起到监控作用。

图 4-3 丽江景观 2
（图片来源：根据测绘资料整理）

4.2　丽江古城建筑特色

丽江纳西族民居外表常见的是石砌的勒脚，抹灰粉白的墙面（在农村，有的不抹灰），有的在墙角镶贴青砖（俗称"金镶玉"），青灰色筒板瓦屋面，外观非常朴素。他的立面最重要的部分体现于后墙及山墙。二层楼房的后墙面上下分段比例良好，多数上部为木围护墙，局部开窗；有的土坯墙到顶，上段外面镶贴青砖。山墙的立面更为生动，山墙下段的土坯围护墙与上段的山尖这两部分通常以"麻雀台"分界，打破了单调感。硬山、悬山的山尖做法不同：硬山砌体封尖，其外常镶贴青砖，此种做法与大理白族民居近似，但不像大理民居在山尖处作绘画装饰，因而较为朴素；悬山，则其木构架暴露在外，博风板、蝙蝠板（即悬鱼板）钉于悬挑出山的檩条端部，山尖部分悬出较深，深厚的阴影产生虚的轻巧、活泼感，使得民居造型洒脱而生动，此种做法正是丽江纳西族民居的典型特色，外地民居并不多见。同时，上述各部比例协调，材料简朴而有对比，色调和谐而又素雅，形成了丽江纳西族民居朴实的风格。

丽江纳西族民居的平面布局有下列几种基本形式：

（1）三坊一照壁：正房一坊，左右厢房二坊，加上正房对面的一照壁，合围成一个三合院。

（2）四合五天井：由正房、下房、左右厢房四坊的房屋组成一个封闭的四合院。除中间一个大天井外，四角还有四个小天井或"漏角"。

（3）前后院：在正房的中轴线上分别用前后两个大天井来组织平面。后院为正院，通常用四合五天井平面组成，前院为附院，常为三坊一照壁或两坊与院墙围成的小花园。两院之间可穿通的房叫花厅。

（4）一进两院：在正房一院的左侧或右侧设另一个附院，形成两条纵轴线，正、附院的组成与前后院相同。

4.2.1　王家庄教堂

在丽江城内，有一座曾经用于传教的基督教堂。1902 年，荷兰籍的郭嘉（Mr. Cock）、史哈屯（Ms. Elizabeth Schoteom）最早到丽江传教。1918 年，英国籍的传教士安永静（Mr. Jims Andrews）和夫人（Mrs. Elizabeth Andrews）来到丽江传教，系"五旬节会"成员。1919 年，在随马帮前往边远山区传教的路途中，安夫人不幸从马背上摔落，多处骨折后终因回天无力，以身殉道，临终前留下遗愿：将财产所有共 250 英镑和一些物品，全部捐给丽江，用于修建一个基督教堂。1921 年以后，德国籍的德永乐夫妇（Mr.& Mrs. Starr）、瑜助华（Mr. Sierings）等传教士相继在丽江传教，并在丽江古城修建了丽江范围内唯一的一座基督教堂，同时还开办了 5 座福音堂进行传教。

该教堂始建于 1922 年，由英国人设计，按欧洲风格结合丽江古城建筑风格修建。教堂为砖木结构建筑，高 15 米，分两层，顶部盖瓦，呈长方形布局，四个角落分别立有四个砖柱，为丽江最早的砖柱。在教堂院落中有一座钟楼，所悬挂之铜钟是由英国直接运到此地的。钟直径约 0.8 米，高约 1.2 米，钟声响起，方圆几里都能听到其悠扬的声音。如今，教堂大门和钟楼已不复存在。

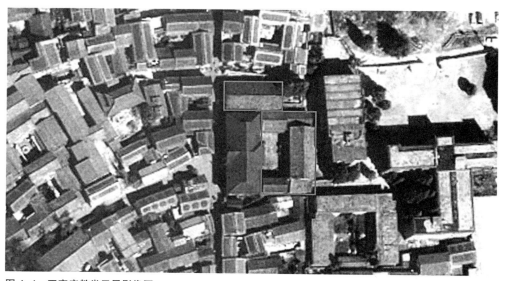

图 4-4　王家庄教堂卫星影像图
　（图片来源：谷歌地图）

图 4-5　王家庄教堂现状景观（一）
（图片来源：根据测绘资料整理）

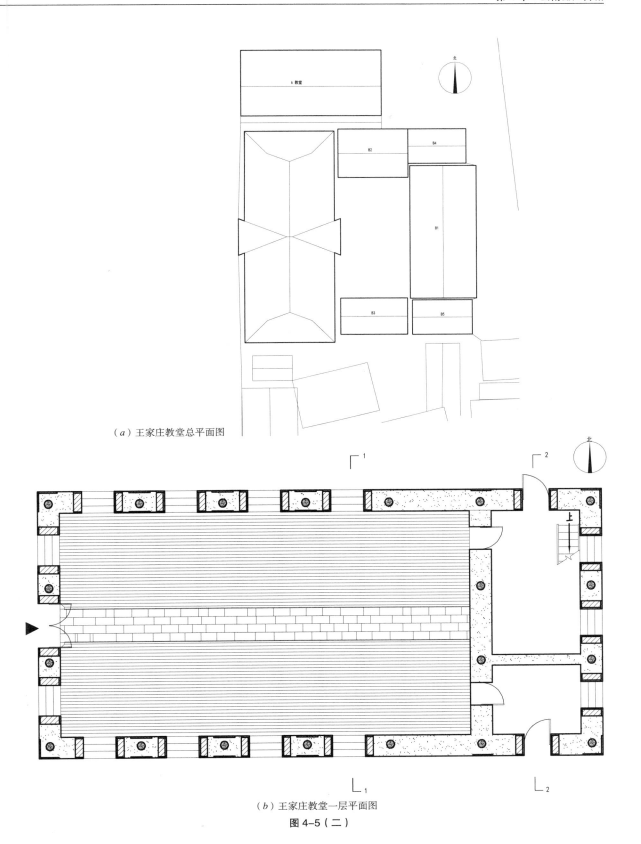

（a）王家庄教堂总平面图

（b）王家庄教堂一层平面图

图 4-5（二）

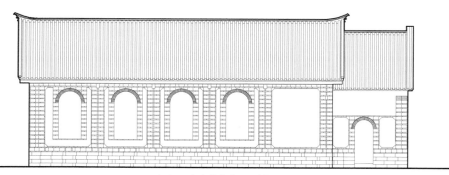

（c）王家庄教堂南立面图

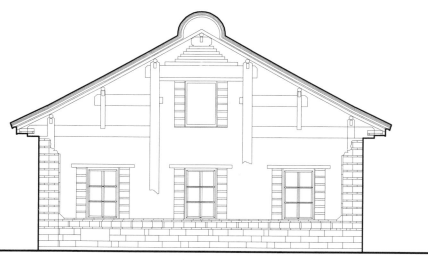

（d）王家庄教堂东立面图

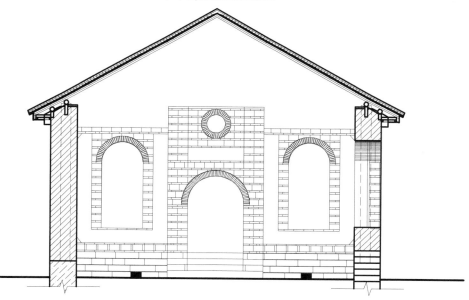

（e）王家庄教堂西侧内立面图

图 4-5（三）

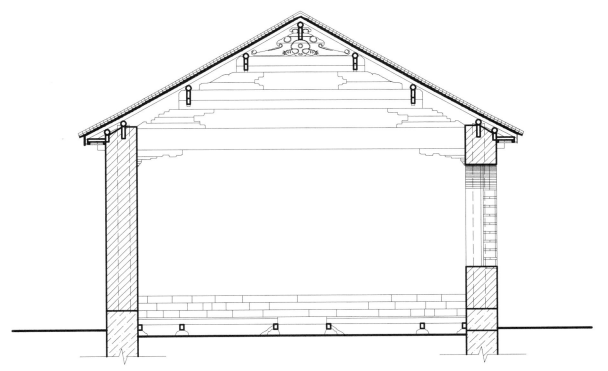

（f）王家庄教堂 1-1 剖面图

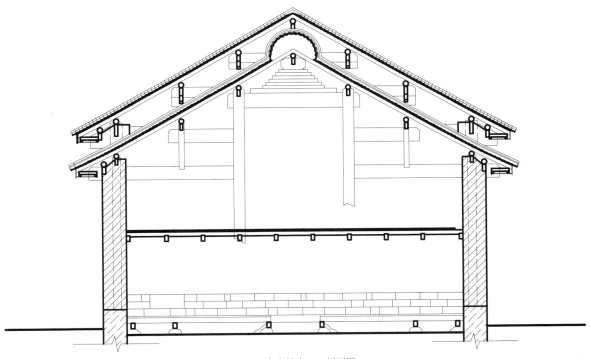

（g）王家庄教堂 2-2 剖面图

图 4-5（四）

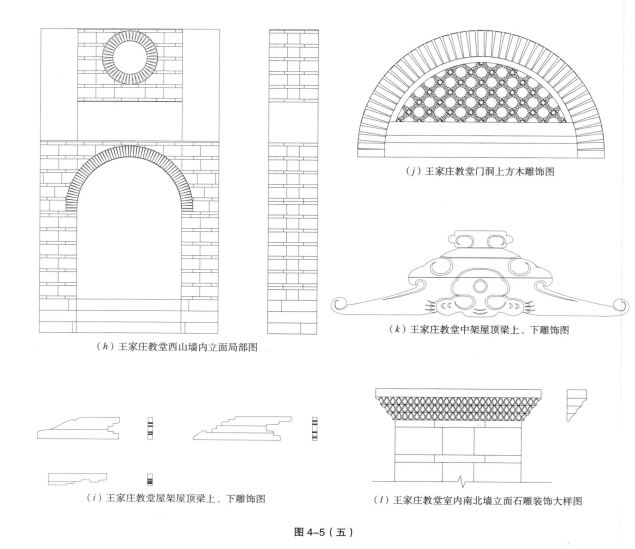

（h）王家庄教堂西山墙内立面局部图

（j）王家庄教堂门洞上方木雕饰图

（k）王家庄教堂中架屋顶梁上、下雕饰图

（i）王家庄教堂屋架屋顶梁上、下雕饰图

（l）王家庄教堂室内南北墙立面石雕装饰大样图

图 4-5（五）

4.2.2 王家庄教堂附属建筑

王家庄教堂附属建筑总平面原为丽江传统民居的四合五天井布局模式，即由正房、下房、左右厢房四坊的房屋组成一个封闭的四合院；后由于拆除下房，下房位置建一栋 3 层砖混结构的现代建筑，现存建筑围合成一三合院，除中间有一个大天井外，两角还有两个小天井。

外国传教士参与了建筑的设计，从功能出发布置附属建筑单体平面，如正房两栋三开间的房屋并列组成，各开间布置也较灵活，平面楼梯居中，直上二层。剖面梁架及建筑外观采用丽江传统建筑的做法。

附属建筑现状景观

（图片来源：根据测绘资料整理）

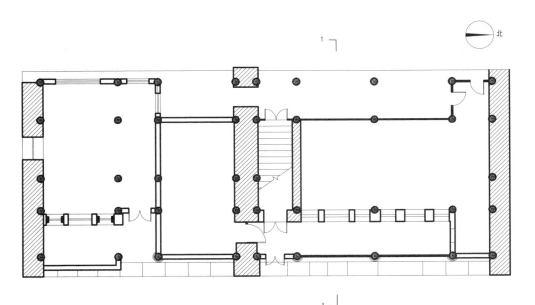

（a）王家庄教堂附属建筑 B1 一层平面图

图 4-6（一）

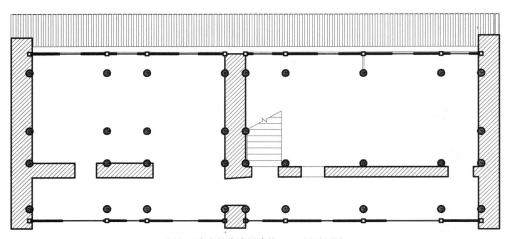

（b）王家庄教堂附属建筑 B1 二层平面图

（c）王家庄教堂附属建筑 B1 东立面

（d）王家庄教堂附属建筑 B1 西立面

图 4-6（二）

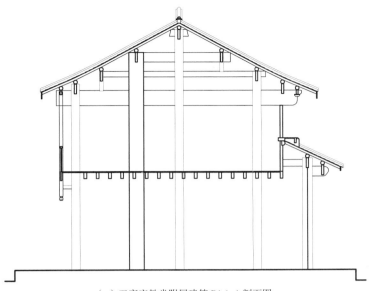

（e）王家庄教堂附属建筑 B1 1–1 剖面图

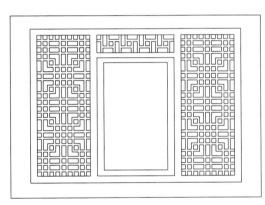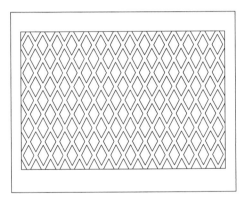

（f）王家庄教堂附属建筑 B1 细部图

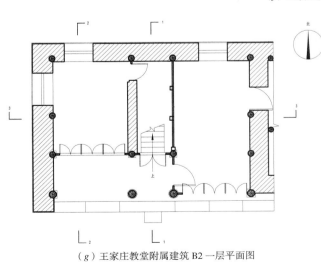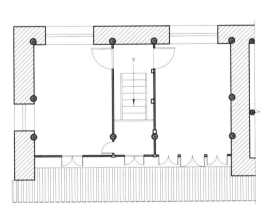

（g）王家庄教堂附属建筑 B2 一层平面图　　　　　　（h）王家庄教堂附属建筑 B2 二层平面图

图 4-6（三）

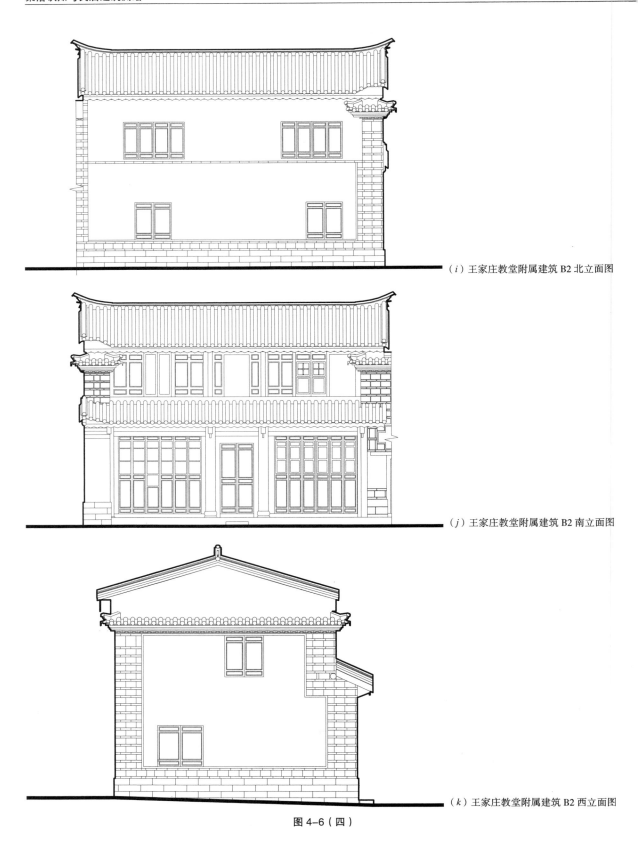

（*i*）王家庄教堂附属建筑 B2 北立面图

（*j*）王家庄教堂附属建筑 B2 南立面图

（*k*）王家庄教堂附属建筑 B2 西立面图

图 4-6（四）

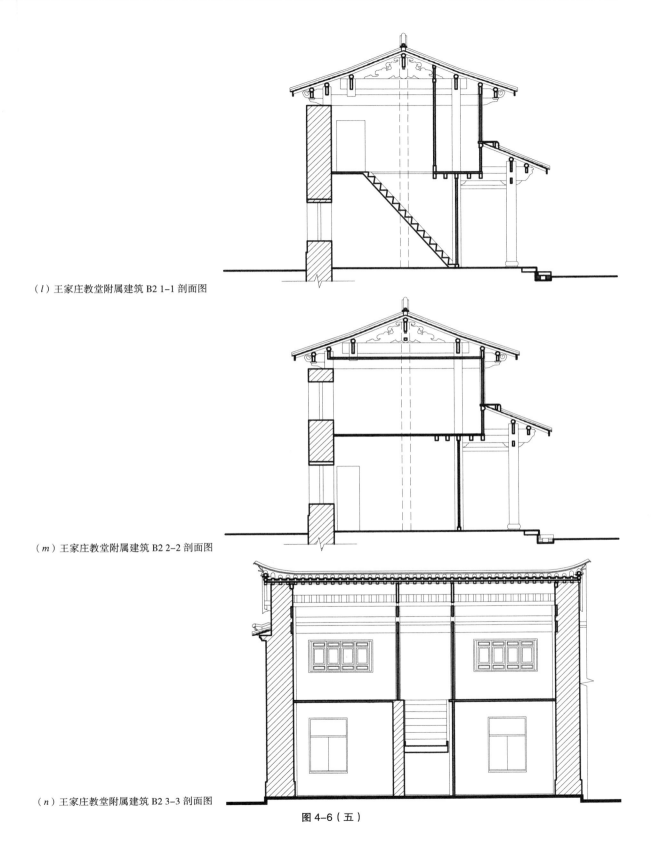

（l）王家庄教堂附属建筑 B2 1-1 剖面图

（m）王家庄教堂附属建筑 B2 2-2 剖面图

（n）王家庄教堂附属建筑 B2 3-3 剖面图

图 4-6（五）

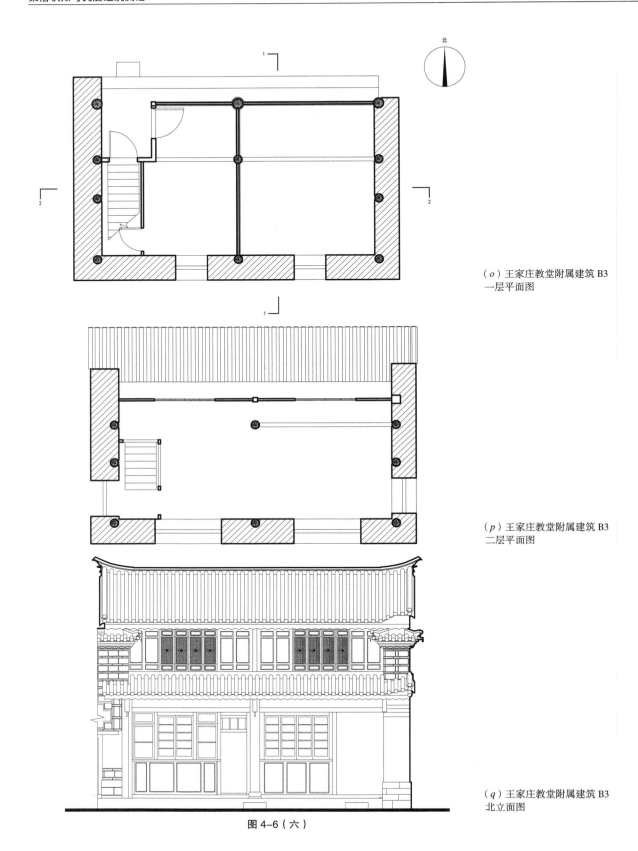

北

（o）王家庄教堂附属建筑 B3
一层平面图

（p）王家庄教堂附属建筑 B3
二层平面图

（q）王家庄教堂附属建筑 B3
北立面图

图 4-6（六）

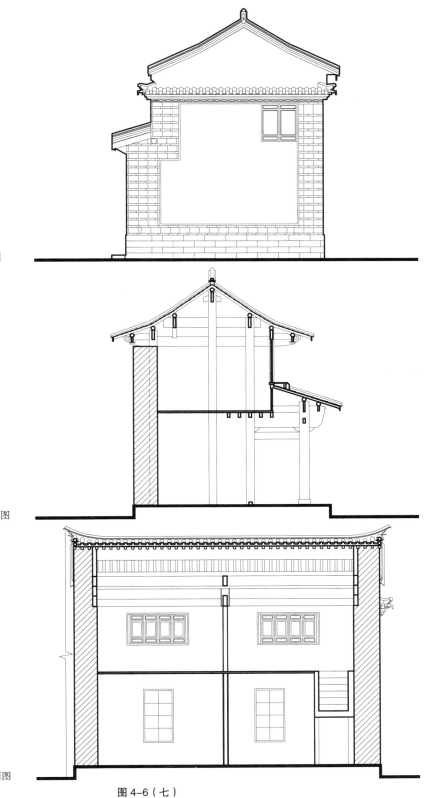

（r）王家庄教堂附属建筑 B3 西立面图

（s）王家庄教堂附属建筑 B3 1-1 剖面图

（t）王家庄教堂附属建筑 B3 2-2 剖面图

图 4-6（七）

（u）王家庄教堂附属建筑 B3 墙体细部

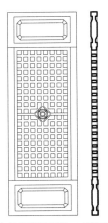

（v）王家庄教堂附属建筑 B3 隔扇窗大样图 1

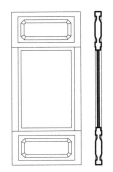

（w）王家庄教堂附属建筑 B3 隔扇窗大样图 2

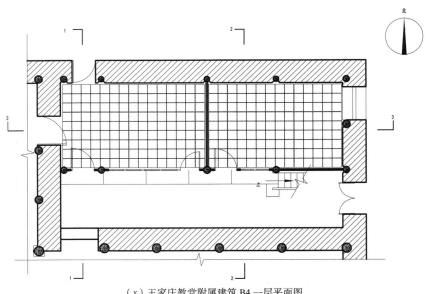

（x）王家庄教堂附属建筑 B4 一层平面图

图 4-6（八）

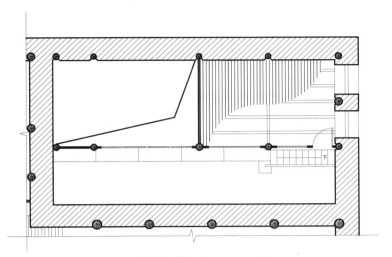

（ y）王家庄教堂附属建筑 B4 二层平面图

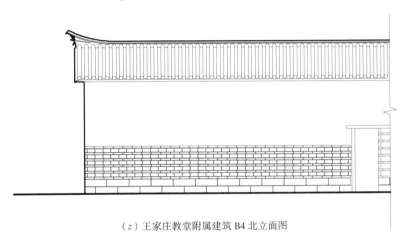

（ z）王家庄教堂附属建筑 B4 北立面图

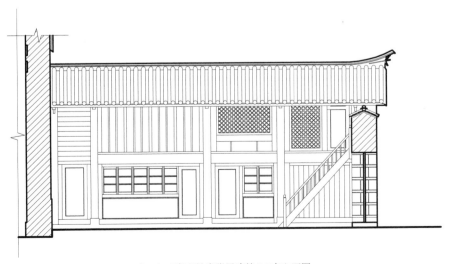

（ a'）王家庄教堂附属建筑 B4 南立面图

图 4-6（九）

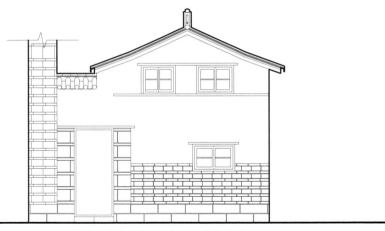

（b′）王家庄教堂附属建筑 B4 东立面图

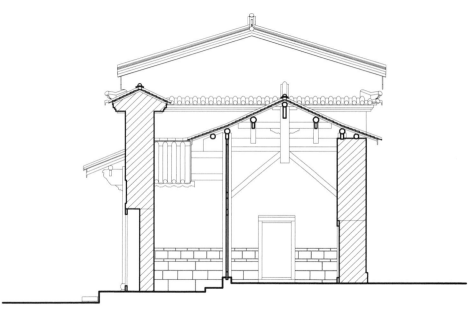

（c′）王家庄教堂附属建筑 B4 1-1 剖面图

（d′）王家庄教堂附属建筑 B4 2-2 剖面图

图 4-6（十）

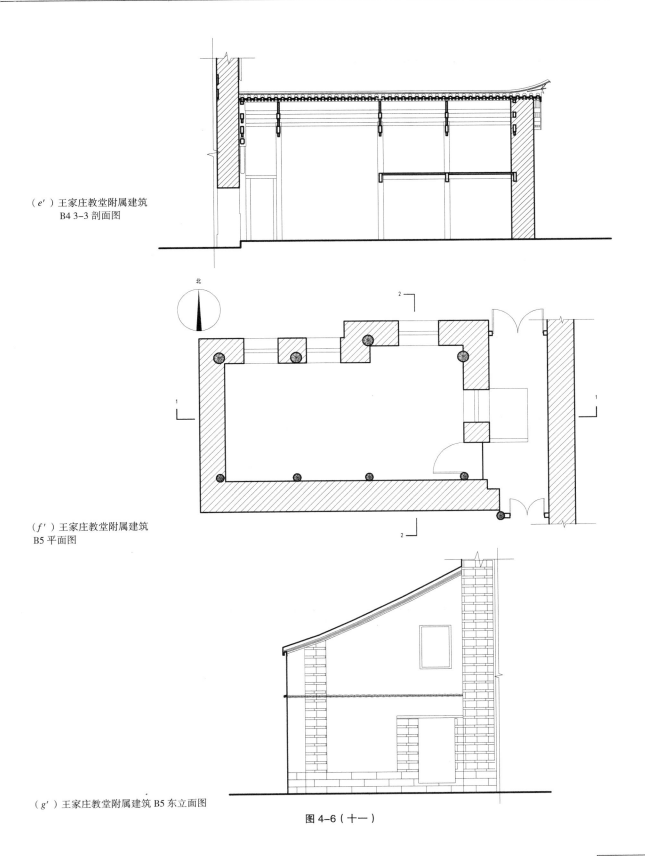

（e′）王家庄教堂附属建筑
　　B4 3-3 剖面图

北

（f′）王家庄教堂附属建筑
　　B5 平面图

（g′）王家庄教堂附属建筑 B5 东立面图

图 4-6（十一）

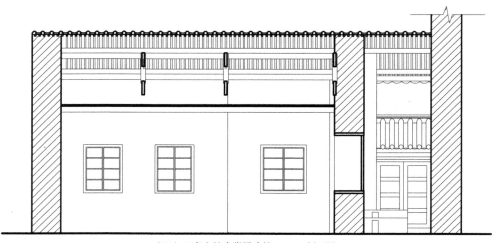

（h′）王家庄教堂附属建筑 B5 1–1 剖面图

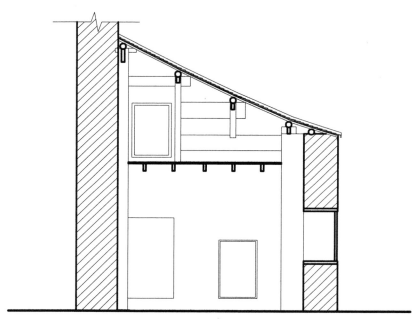

（i′）王家庄教堂附属建筑 B5 2–2 剖面图

图 4–6（十二）

第5章　云南昆明龙泉古镇

5.1　龙泉镇聚落特色

"一颗印"传统民居是云南广大劳动人民在传统建筑思想的影响下，结合当地气候、民族风俗习惯，因地制宜、就地取材，运用世代相传的朴素的建造技术，自己设计、自行建造的供自家使用的建筑。

图 5-1　"一颗印"民居分布范围
　　（图片来源：根据测绘资料整理）

　　"一颗印"主要分布于云南滇池之滨畔，昆明地区周边，处于北回归线附近，夏季基本处于阳光直射状态。山区居多，场地有限，为了节约用地，改善房间的气候，促成阴凉，采用了小天井。此处的住宅并不像北方的四合院一样坐北朝南，"一颗印"无固定朝向，依山就势，趋于自然。这种住宅的形式适合地方气候条件和依山就势的地理特征。

　　"一颗印"多沿溪线状组合，聚落密集，街巷狭窄，青石板路。整座"一颗印"，独门独户，高墙小窗，空间紧凑，体量不大，小巧灵便，无严格的固定朝向，可随山坡走向形成无规则的散点布置。"一颗印"的天井可调节小气候，便于采光、通风，又可汇集雨水，以备防火，同时，对于南方湿热气候，天井可减少日晒。

　　"一颗印"建筑的主要功能是居住，若临街，则常结合一些商业功能，出现了"宅店结合"、诊所医院、加工作坊等模式，这些新功能常以商住结合的形式存在。宅店结合模式的常见形式有"前店后宅"、"下店上寝"两种。前者常要加大倒座的进深和层高，形成与正房差不多规制的空间，即由典型的"一颗印"变成了"前三后三夹两耳"。临街立面改成带有擎檐柱的前厦，并设置货柜和可自由开启和拆卸的门窗，形成层次丰富的开敞空间，一改典型"一颗印"严谨封闭的形象，以满足商业活动的需求。

图 5-2　村落现状卫星影像图
（图片来源：谷歌地图）

5.2 "一颗印"民居建筑特色

典型的"一颗印"传统民居的基本构成单元包括正房、耳房（厢房）和倒座（倒八尺），他的基本形制是"三间四耳倒八尺"，在滇中、滇南民间使用最多，其中"三间"指正房面阔三间；"四耳"指两侧耳房各两开间，总共有四间；"倒八尺"指位于正房的正下方，并反向布置，故称"倒座"，因进深有八尺，所以又称"倒八尺"。三个基本单元围绕中庭布置，靠中庭一侧都有挑檐和腰檐。在正房和耳房之间空出楼梯间，称"楼梯巷"，左右各有一道，在乡村，楼梯下面的空间常用来圈养家禽。

"一颗印"民居的各个组成单元大都为楼房（也有少数只有一层的），其中正房进深五架，在所有单元中体量最大，位于中轴线的最重要位置，所以统领整个院落。正房明间是堂屋，是全家聚会、宴请宾客的地方，两侧次间是卧室，以左为尊。二楼明间用作"家屋"——祭祀祖先或用作"佛堂"，次间作为卧室或储存粮食用。耳房的首层靠近正房的房间用作厨房，靠倒座一侧的房间常用来圈养猪牛等，如果家庭人口比较多，二楼也作为卧室，而在城里，耳房则作为书房或客房。

图 5-3 "一颗印"民居鸟瞰图
（图片来源：作者拍摄）

"一颗印"布局形态：方整封闭，中轴对称，半敞开厅堂连接狭窄天井，多为二层楼设置。由正房、厢房、入口门墙组成四合院，瓦顶、土墙、平面和外观呈方形，方方正正好似一颗印章。"一颗印"民居为一楼一底楼房，正房三间，底层一明间、两次间，前有单层廊，构成重檐屋顶。左右两侧为一楼一底吊厦式厢房，厢房的底层一般各有两间，称为"三间四耳"。"一颗印"式住宅在山区平顶、城镇、村寨都宜建，可联幢，可单幢，可豪华，也能简朴，千百年来，是滇池地区最普遍、最温馨的平民住宅。

5.2.1　龙头村 114–115 号李氏民居

龙头街 114–115 号民居，位于云南省昆明市盘龙区龙泉街道办事处宝营社区龙头村 114–115 号，为"一颗印"形式的云南民居建筑，坐东朝西，建筑为两进院，各由三间正房、四间耳房、倒座组成，是典型的三间四耳一倒座的"一颗印"。建筑为土木结构，两层，楼下当街为门面，楼上及后院住人，是标准的"一颗印"建筑结构，窗花很特别，雕刻精美。该房为两进院，过厅改动较大，房屋以门窗等小木作做工精美而凸显其价值。

图 5–4　李氏民居现状景观（一）
（图片来源：根据测绘资料整理）

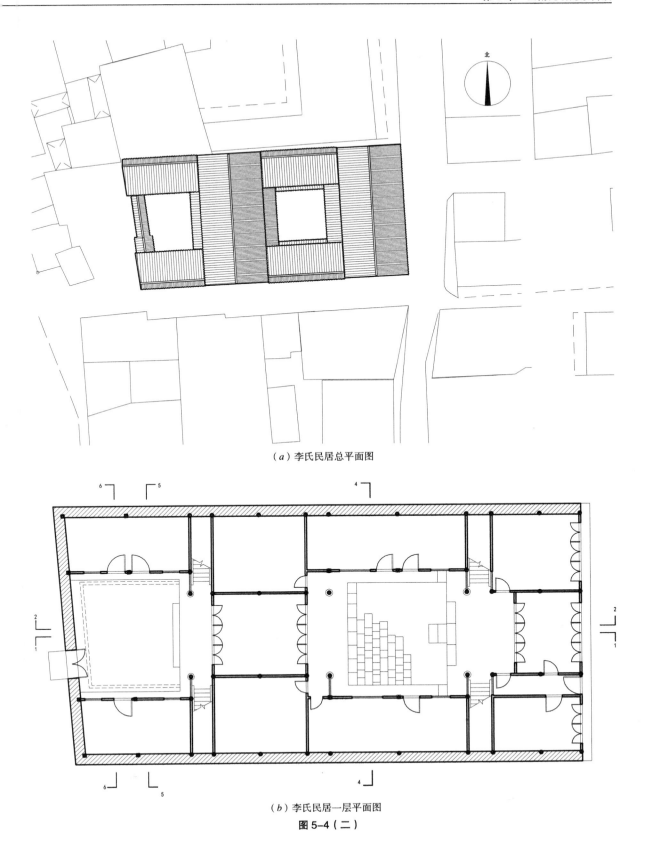

（a）李氏民居总平面图

（b）李氏民居一层平面图

图 5-4（二）

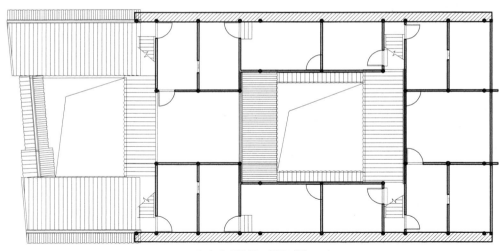

（c）李氏民居二层平面图

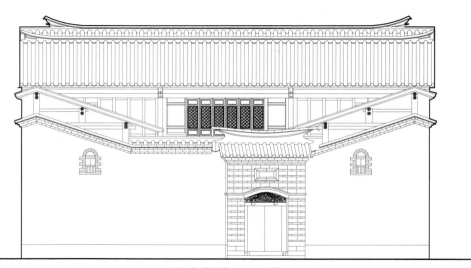

（d）李氏民居 A–F 立面图

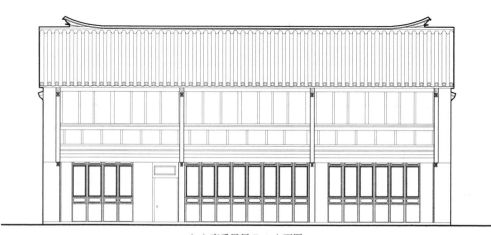

（e）李氏民居 F–A 立面图

图 5-4（三）

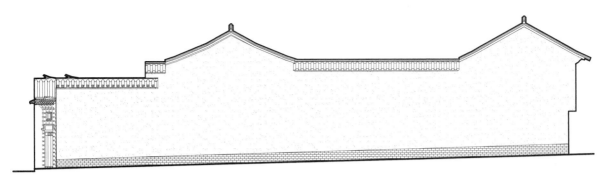

（f）李氏民居 1–12 立面图

（g）李氏民居 1–1 剖面图

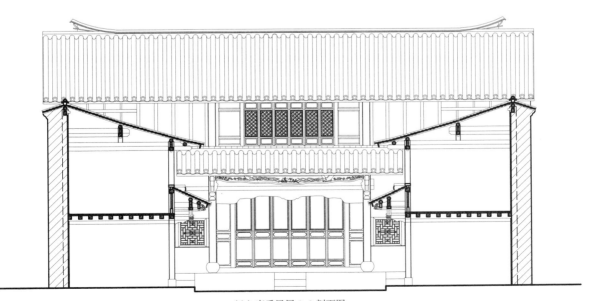

（h）李氏民居 3–3 剖面图

图 5-4（四）

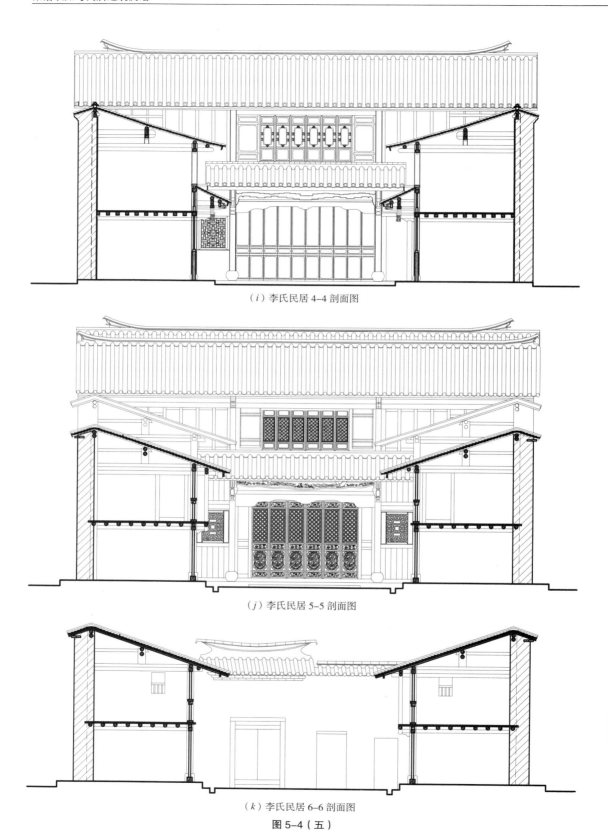

（i）李氏民居 4-4 剖面图

（j）李氏民居 5-5 剖面图

（k）李氏民居 6-6 剖面图

图 5-4（五）

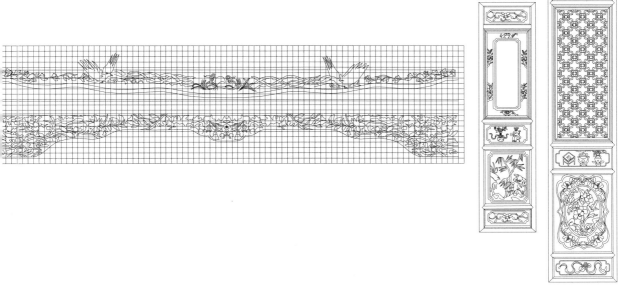

（l）李氏民居大样图 1

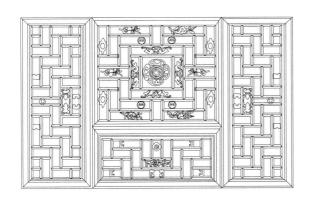

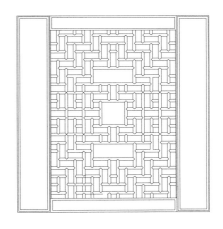

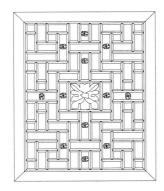

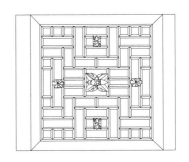

（m）李氏民居大样图 2

图 5-4（六）

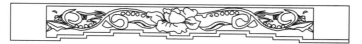

（n）李氏民居大样图 3

（o）李氏民居大样图 4

图 5-4（七）

5.2.2　龙头村王氏民居

王氏民居位于龙头街 241—242 号，系典型的云南地方吊脚楼式建筑。该民居为一楼一底楼房，土木结构。因地制宜，为一楼一底吊厦式厢房，厢房的底层为两开间，整座房屋坐东朝西，充分体现了当地人民建房因地制宜的做法。一楼临街面改动较大，与老龙头街街面吊脚楼连接成片。建筑经过了多次的人为改建，由于私自改造，损坏比较严重，多处出现损毁。

王氏民居现状景观

（图片来源：根据测绘资料整理）

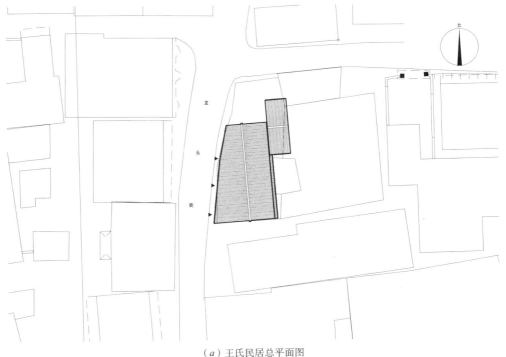

（*a*）王氏民居总平面图

图 5-5（一）

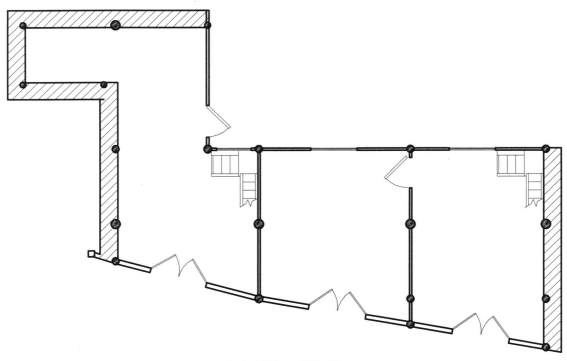

（b）王氏民居一层平面图

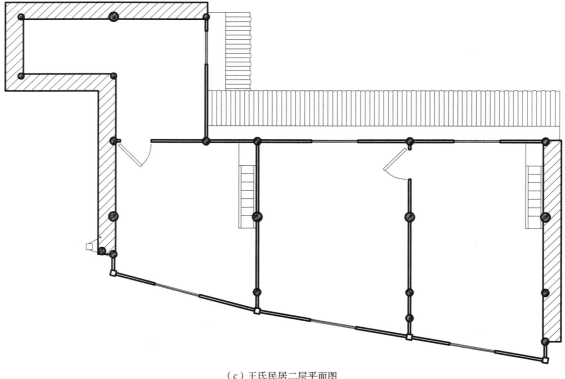

（c）王氏民居二层平面图

图 5-5（二）

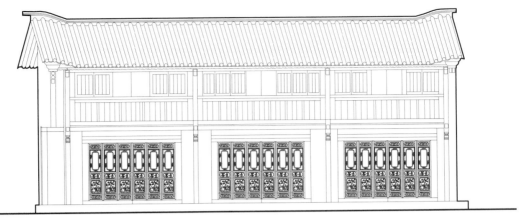

（d）王氏民居立面图

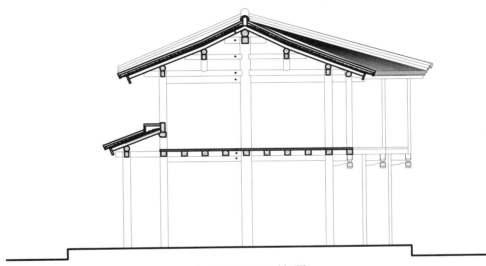

（e）王氏民居 1–1 剖面图

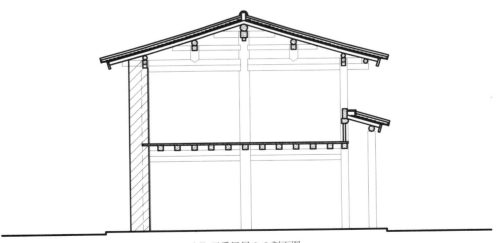

（f）王氏民居 2–2 剖面图

图 5–5（三）

5.2.3　龙头村陆子安宅院

　　陆子安宅院位于盘龙区龙泉街道办事处宝云社区龙头村344号，龙泉卫生院前，为中西式建筑，此房为三层砖混两面坡瓦顶，有一间阁楼，是民国时期中西合璧的典型建筑，建筑面积约350平方米，始建年代不详。陆子安（字崇仁）是云南昆明人，陆子安宅院坐北朝南，为民国建筑，仅残余一独栋建筑。建筑整体的结构已严重残损，部分屋顶已缺失。由于年久失修，损坏比较严重，多处出现损毁。龙头村344号陆子安宅院现已废弃空置。

图 5-6　陆子安住宅现状景观（一）
（图片来源：根据测绘资料整理）

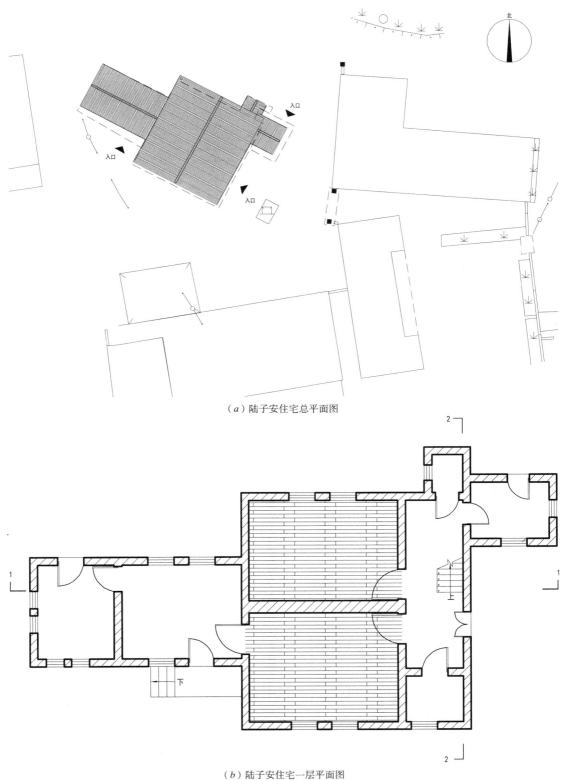

（a）陆子安住宅总平面图

（b）陆子安住宅一层平面图

图 5-6（二）

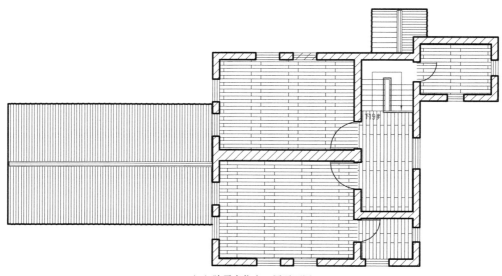

（c）陆子安住宅二层平面图

（d）陆子安住宅北立面图

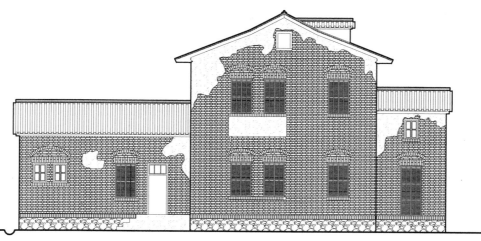

（e）陆子安住宅南立面图

图5-6（三）

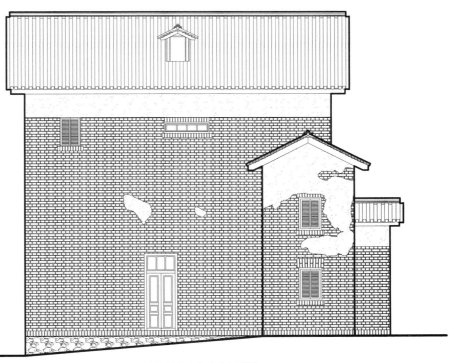

（f）陆子安住宅东立面图

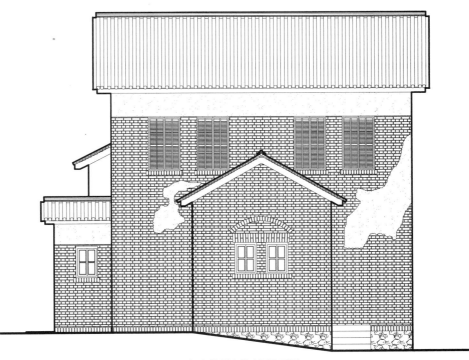

（g）陆子安住宅西立面图

图 5-6（四）

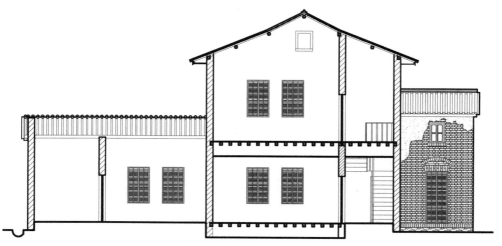

（h）陆子安住宅 1–1 剖面图

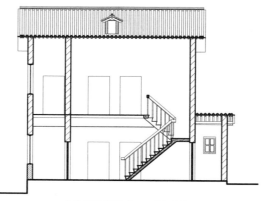

（i）陆子安住宅 2–2 剖面图

（j）陆子安住宅大样图

图 5–6（五）

5.2.4　桂家祠堂

　　麦地村 116 号桂家祠堂位于麦地村南部，坐北朝南，建筑为二进院，前院由三间过厅、两间厢房组成，后院由三间正厅、两间厢房组成，不同于民居的"三间两耳一倒座"的"一颗印"形制。建筑虽经过多次的人为改建，但整体的木框架基本保持原样。由于私自改造，损坏比较严重，多处出现损毁。

　　麦地村 116 号桂家祠堂现状为闲置，大门已经损毁，周边为新建的民居建筑，严重破坏了入口和周边环境空间。

图 5-7　桂家祠堂（一）
（图片来源：根据测绘资料整理）

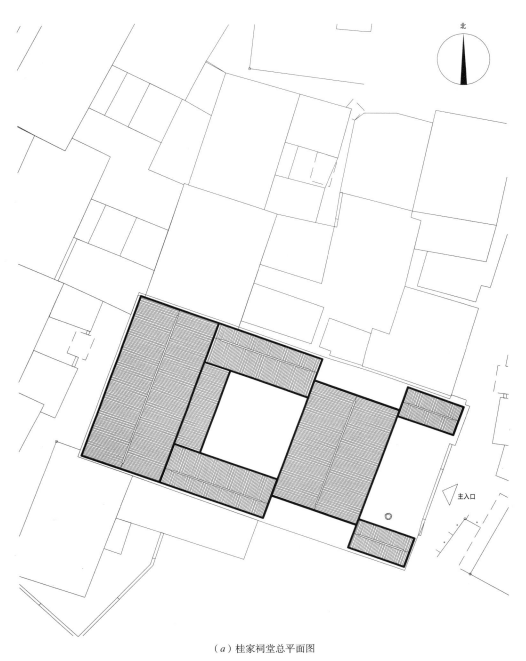

北

主入口

（a）桂家祠堂总平面图

图 5-7（二）

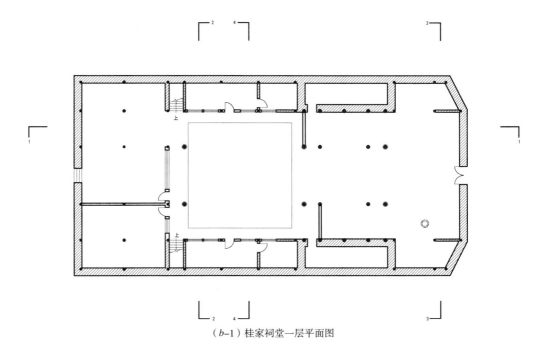

（b-1）桂家祠堂一层平面图

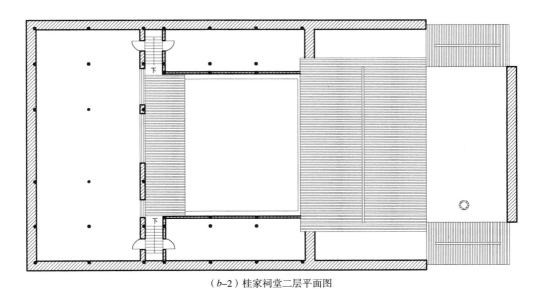

（b-2）桂家祠堂二层平面图

图 5-7（三）

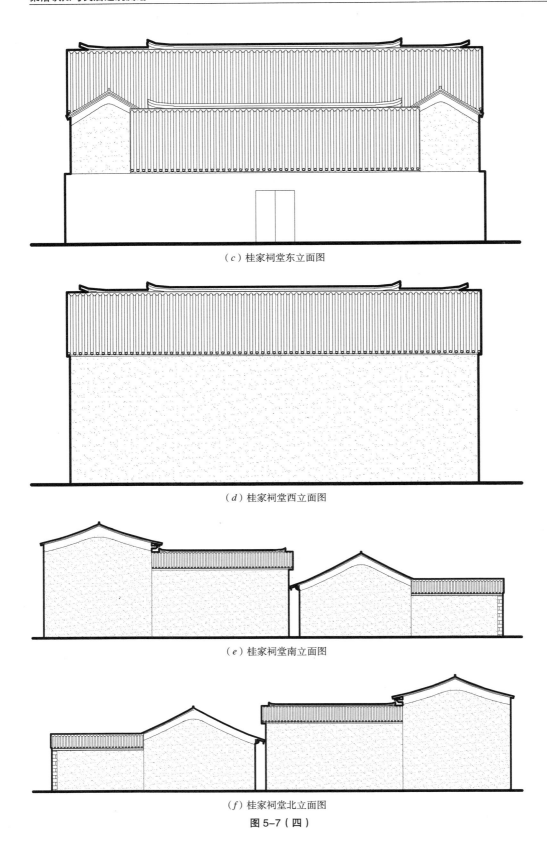

（c）桂家祠堂东立面图

（d）桂家祠堂西立面图

（e）桂家祠堂南立面图

（f）桂家祠堂北立面图

图5-7（四）

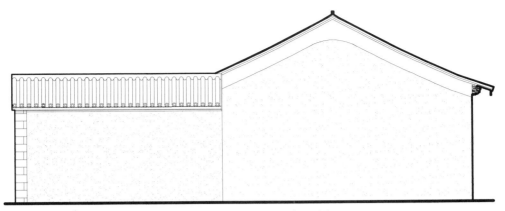

（g）桂家祠堂过厅、过厅厢房立面图

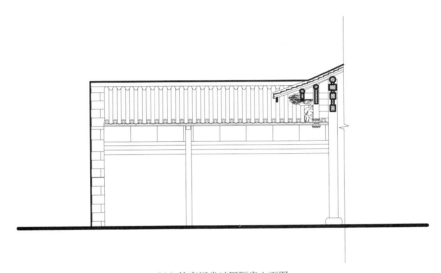

（h）桂家祠堂过厅厢房立面图

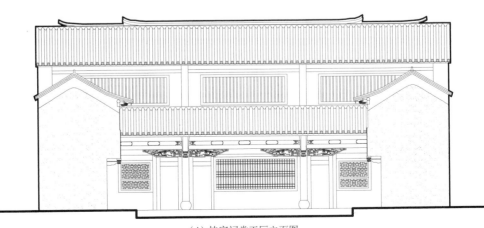

（i）桂家祠堂正厅立面图

图 5-7（五）

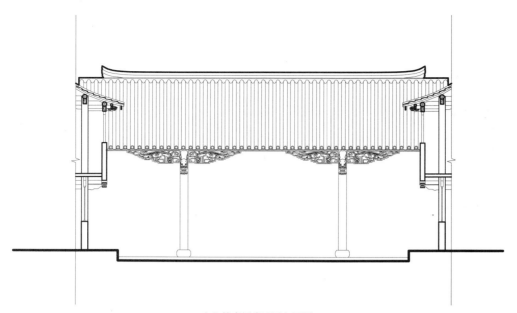

（j）桂家祠堂过厅立面图

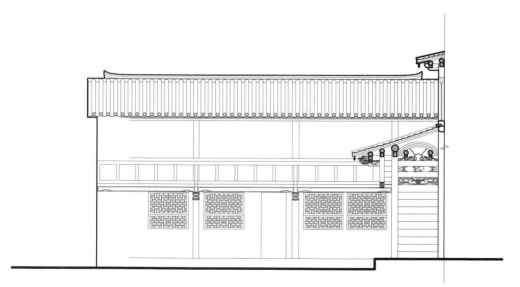

（k）桂家祠堂正厅厢房立面图

（l）桂家祠堂总 1–1 剖面图

图 5-7（六）

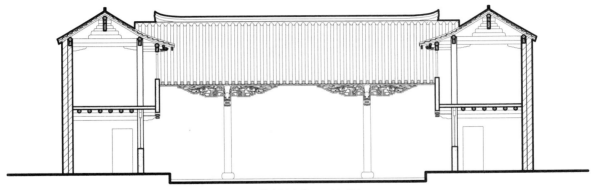

（m）桂家祠堂总 2-2 剖面图

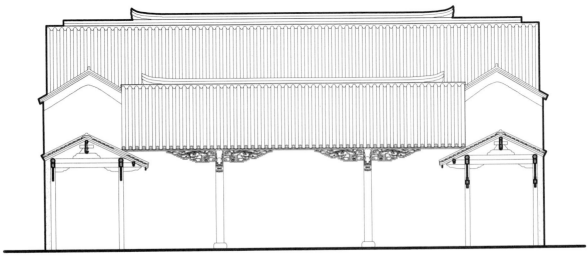

（n）桂家祠堂总 3-3 剖面图

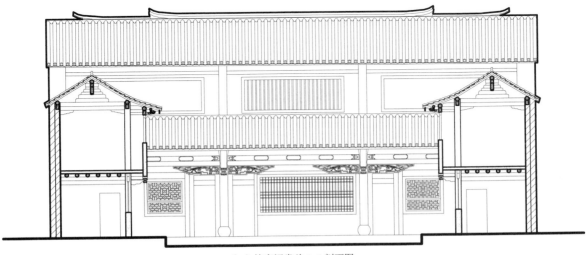

（o）桂家祠堂总 4-4 剖面图

图 5-7（七）

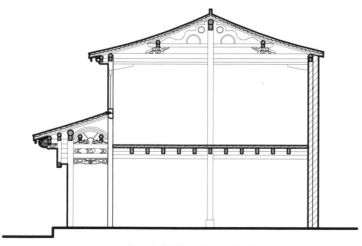

（p）桂家祠堂正厅 1-1 剖面图

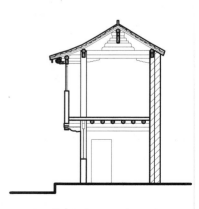

（q）桂家祠堂正厅厢房 2-2 剖面图

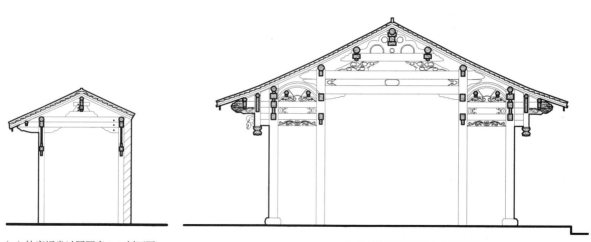

（r）桂家祠堂过厅厢房 3-3 剖面图　　　　　　　　　（s）桂家祠堂过厅 4-4 剖面图

（t）桂家祠堂大样图 1

图 5-7（八）

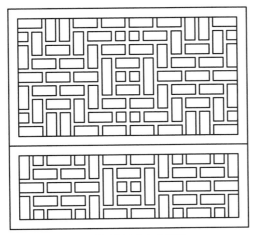

（u）桂家祠堂窗户大样图

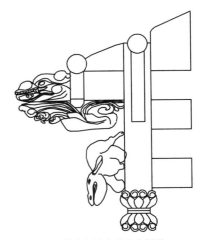

（v）桂家祠堂穿插枋大样图

（w）桂家祠堂大样图 2

图 5-7（九）

第6章　内蒙古多伦诺尔镇

多伦诺尔地处蒙古高原边陲，尽管与北京仅距360余公里，但却呈现出与华北平原截然不同的气候特征，冬季绵长、高寒多霜雪，是典型的北国气候特征。

6.1　多伦诺尔镇聚落特色

6.1.1　自然环境

多伦诺尔周边地形地貌复杂多变，山峦、平原、草甸、河流、沙丘等，地貌种类丰富，风景多姿，并已经成为内蒙古的一个重点旅游景区。

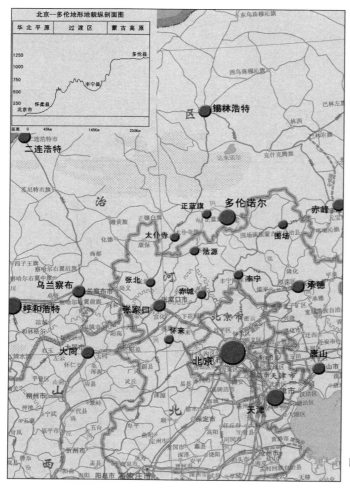

图6-1　多伦县区位
（图片来源：多伦历史名镇保护规划）

多伦诺尔古镇依水而建，额尔腾河（俗称小河子河）环回古镇四周。在古镇的西部和南部，河床开阔，形成湿地。

6.1.2　古镇格局

多伦诺尔其三面环水，以城周的民居和宅院相互接连形成城墙或栅墙，设城门（新中国成立后已陆续拆除）6 处以控制桥梁和道路。

在多伦诺尔，传统街巷主要有 8 条，总长度 2260 米，其中佛殿街、福盛街中段、会馆前街西段是最具代表性的传统街道。这些街道中商铺、祠庙林立，人头攒动，是买卖最为兴隆的买卖街。如今尽管时过境迁，街道两侧尽显破败之态，这里仍然是历史建筑最为集中、传统生活方式最为浓郁的地区。

古镇内的传统街巷采用不规则的棋盘式布局，主次分明，宽窄有致。主要大街表现出了古镇原有的繁华与气派，短弄窄巷则表达出亲和宜人的生活韵味。自 2003 年多伦县政府迁出之后，古镇人口密度下降，旧城的传统生活方式又重新凸显出来。

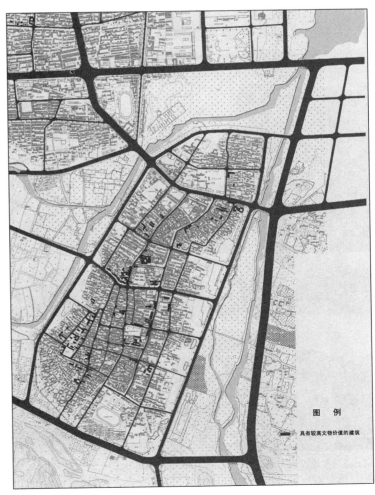

图 例

具有较高文物价值的建筑

图 6-2　古镇历史格局

6.2 多伦诺尔镇建筑特色

多伦诺尔古建筑群位于多伦县淖尔镇。清康熙三十年（1691 年），外蒙古三部归附清朝，康熙下诏令京城的鼎恒生、大利、聚长城等八大商号在多伦设立铺面，对蒙贸易正式开始。鼎盛时期，在 7 平方千米的城区内，形成了 4000 家店铺、100 多座庙会馆。多伦诺尔现存多伦诺尔古建筑群总面积 4000 多平方米，包括山西会馆、娘娘庙、城隍庙、兴隆寺、清真中寺、清真西寺、清真南寺、清真北寺和清代商号宅院。

多伦诺尔的历史建筑以中原汉式建筑风格为主，尤其以山西的地方建筑特点最为明显。多伦诺尔清代古建筑群从建筑形式到建筑风格，充满了汉蒙回的文化艺术魅力，充分体现出了内地农耕文明与北方游牧文明互相交融的特点，展现了旅蒙商之都的多文化艺术内涵。

多伦诺尔清代古建筑沿轴线排列，主次分明，对称式布局，建筑造型装饰等体现了我国传统的古代建筑特色与对营造建筑艺术的追求。

多伦诺尔清代古建筑群落斗栱飞檐，雕梁画栋，色彩艳丽，设计精巧，布局紧凑，对于研究草原地区的汉式建筑艺术具有较高的价值。

图 6-3　多伦古建筑景观 1
（图片来源：根据测绘资料整理）

图 6-4　多伦古建筑景观 2
（图片来源：根据测绘资料整理）

多伦诺尔清真寺在建筑艺术上为阿拉伯建筑风格与中国北方古典式建筑艺术风格相结合的清代建筑，对于研究清代蒙古草原建筑艺术具有重要的价值。

6.2.1　山西会馆

山西会馆位于多伦县旧城内西南，会馆建筑群坐北朝南，是一座平面长方形的院落，由四进院落组成，占地面积约 5000 平方米，现存建筑面积 1200 平方米。

会馆现存布局有四进院落：一进院落为山门、东西耳门、东西倒座和下宿；二进院为戏楼、钟鼓楼和过殿；三进院为议事厅、东西长廊、西跨院西厢房；四进院为关帝庙、关帝庙东西耳房、东西配殿。山西会馆保存基本完整，中轴线建筑木牌楼、仪门腰墙角门、东西跨院建筑已无存。

山西会馆现存主要建筑描述　　　　　　　　　表 6-1

名称	特色	照片
山门	山门为五檩大式硬山布瓦顶，面宽三间，两侧有耳房相连，西侧有角门	
戏楼	坐南朝北，高约10米，前台由两根大红明柱子支撑，楼基为长方形大石条砌筑，呈"凸"字形，面宽五间，前台卷棚歇山式抱厦，后堂两配式，屋顶主悬山配硬山，梁头做兽形木刻；每年旧历五月十三在戏楼开台唱戏，直到秋后	
过殿（仪门）	面宽五间，五檩前檐廊，后檐出歇山抱厦	
议事厅	硬山布瓦顶，面宽五间，五檩前檐廊后檐出悬山卷棚抱厦。内有会议厅三间，小戏台一座，画像殿六间，是山西各大商号议事的场所	
关帝庙（正殿）	勾连搭结构，面阔五间，前厢三间，殿内有关公、周仓、关平塑像，三尊塑像堪称清代民间雕塑艺术的上乘之作。殿内梁柱彩绘均为清代所绘。硬山布瓦顶，面宽五间，两侧有耳房各一间	
东配殿	硬山布瓦顶，面宽五间，内墙壁现存为清代彩绘，多为三国故事中有关关羽一生的业绩，十分珍贵	

（图片来源：根据测绘资料整理）

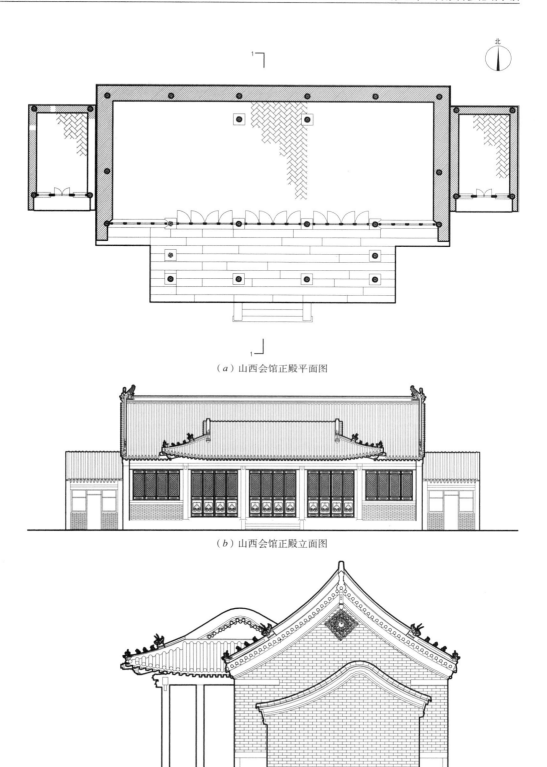

（a）山西会馆正殿平面图

（b）山西会馆正殿立面图

（c）山西会馆正殿侧立面图

图 6-5　山西会馆（一）

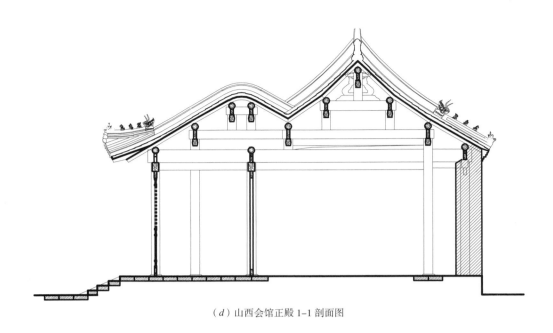

（d）山西会馆正殿 1–1 剖面图

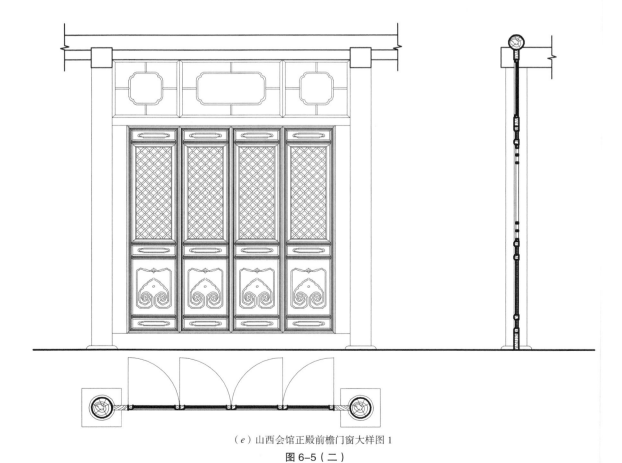

（e）山西会馆正殿前檐门窗大样图 1

图 6-5（二）

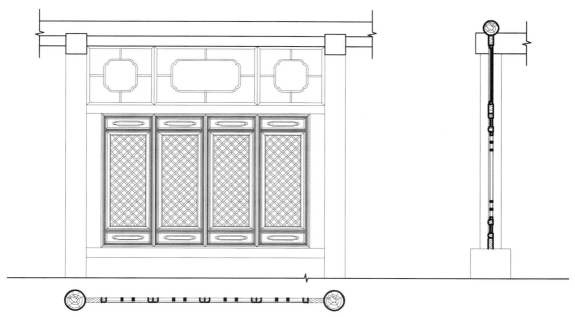

（f）山西会馆正殿前檐门窗大样图 2

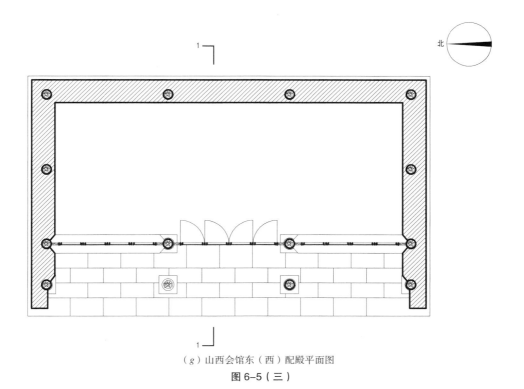

（g）山西会馆东（西）配殿平面图

图 6-5（三）

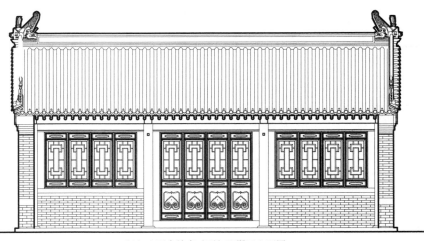

（h）山西会馆东（西）配殿正立面图

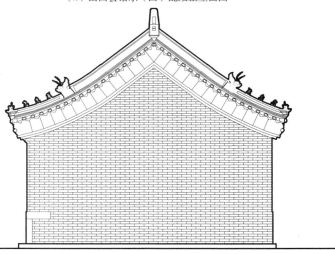

（i）山西会馆东（西）配殿侧立面图

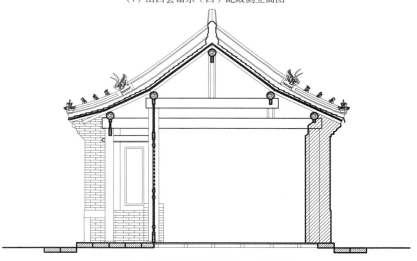

（j）山西会馆东（西）配殿1-1剖面图

图6-5（四）

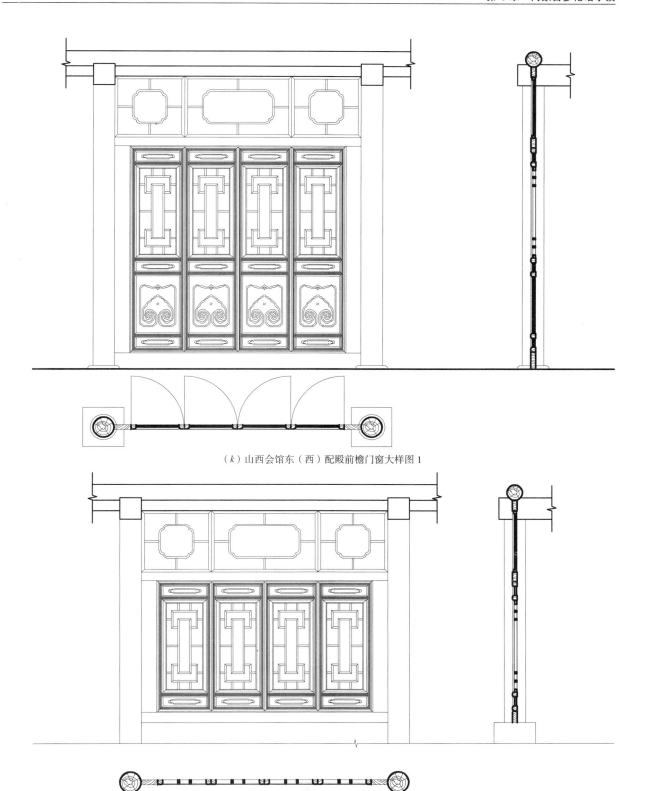

（k）山西会馆东（西）配殿前檐门窗大样图 1

（l）山西会馆东（西）配殿前檐门窗大样图 2

图 6-5（五）

6.2.2　兴隆寺（佛殿）

　　兴隆寺俗名佛殿，位于多伦县城长盛街，建于清雍正十二年（1734 年），是北京延庆县隆昌寺、河北怀来龙潭寺的下属寺院，是汉传佛教寺院，属于家庙系列。兴隆寺原由山门、东西配楼、天王殿、东西配房、钟鼓楼、大殿、药王殿、鲁班殿、东西配殿组成。

　　兴隆寺坐北朝南，四合院式布局，砖木结构。现存仅山门及东西两侧配楼，钟楼及东配房、天王殿。占地面积 580 平方米，建筑面积 385 平方米。

　　兴隆寺建筑群斗栱飞檐，雕梁画栋，色彩艳丽，设计精巧，布局紧凑，是典型的汉式建筑，其建筑制式以及雕刻彩绘均具有很高的艺术价值。

兴隆寺现存主要建筑描述　　　　　　　　表 6-2

名称	特色	照片
山门	面宽三间，进深一间，五檩小式硬山布瓦顶，前檐台阶已毁，明间装修保存完好，东西次间仅开六角窗，后檐明间为后世封堵，东西次间开圆形盲窗	
东配楼	山门东侧一座二层配楼，配楼面宽二间，小式硬山卷棚布瓦顶	
西配楼	山门东侧一座二层配楼，配楼面宽二间，小式硬山卷棚布瓦顶	
配房	面宽三间，进深三间，小式硬山卷棚布瓦顶	

续表

名称	特色	照片
钟楼	坐东朝西，平面正方形，歇山布瓦顶二层楼阁建筑，下层青砖砌筑，东面开券门，二层歇山木构运用顺扒梁法，斗栱为一斗二升交麻叶，柱间以木板封堵	
天王殿	面宽三间，进深两间，五架插梁对前后单步梁，后檐金柱不落地。出前后廊，大式硬山布瓦顶。仅柱头用斗栱，为单翘重栱，翘后尾为随梁枋。装修为后世改建。黄琉璃瓦覆顶，内中供如来佛塑像，左供观音、文殊、普贤三位菩萨，右奉天、地、人三皇，东、西列十八罗汉。正殿前有东、西偏殿各一间，东供鲁班，西供药王。	

（图片来源：根据测绘资料整理）

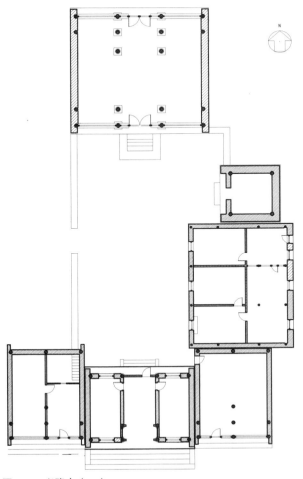

（a）兴隆寺（佛殿）总平面图

图 6-6　兴隆寺（一）

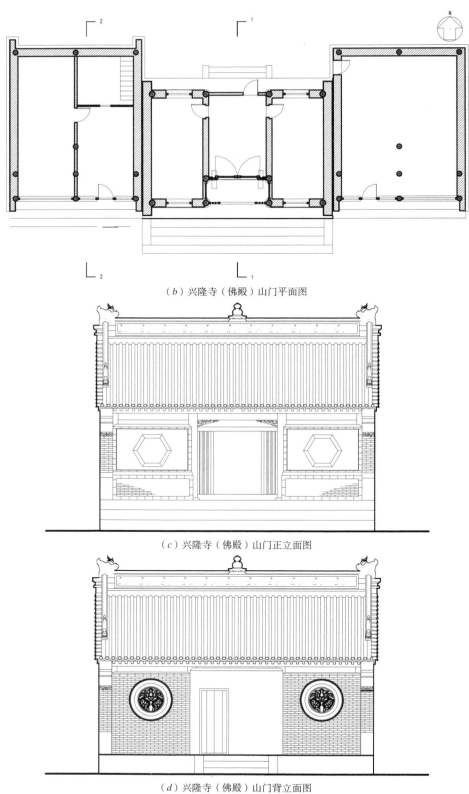

（b）兴隆寺（佛殿）山门平面图

（c）兴隆寺（佛殿）山门正立面图

（d）兴隆寺（佛殿）山门背立面图

图6-6（二）

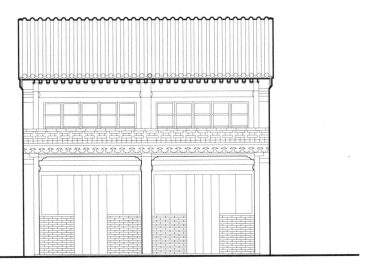

（e）兴隆寺（佛殿）耳房正立面图

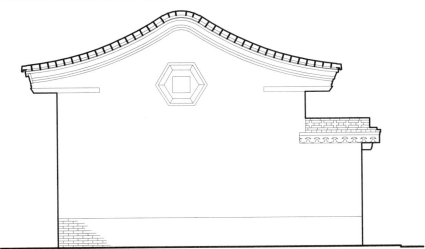

（f）兴隆寺（佛殿）耳房侧立面图

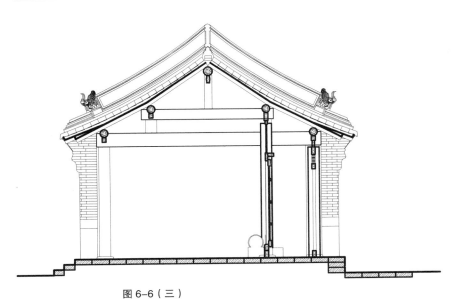

（g）兴隆寺（佛殿）1-1 剖面图

图 6-6（三）

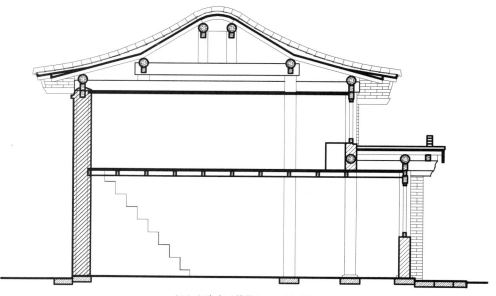

（h）兴隆寺（佛殿）2-2 剖面图

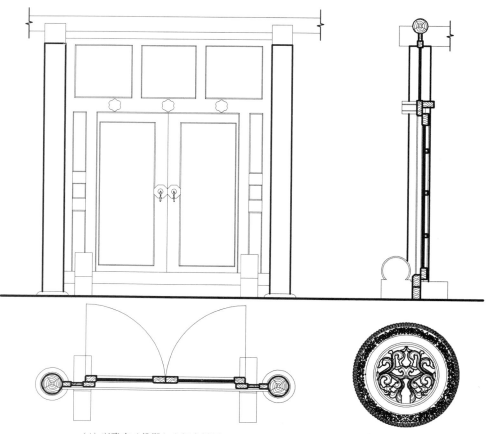

（i）兴隆寺（佛殿）山门大样图 1　　　　　　（j）山门细部大样图

图 6-6（四）

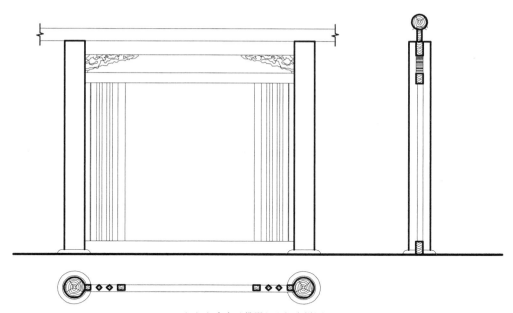

（k）兴隆寺（佛殿）山门大样图 2

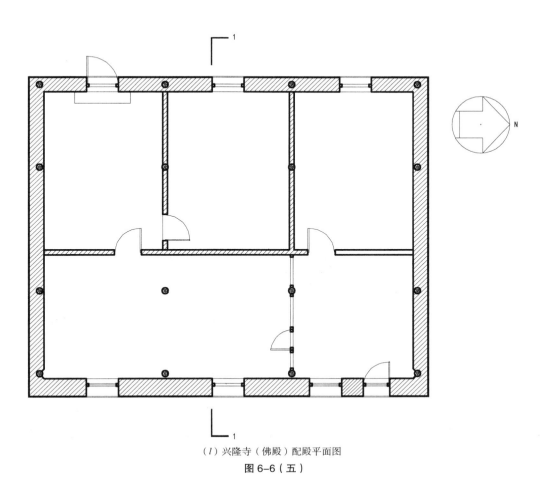

（l）兴隆寺（佛殿）配殿平面图

图 6-6（五）

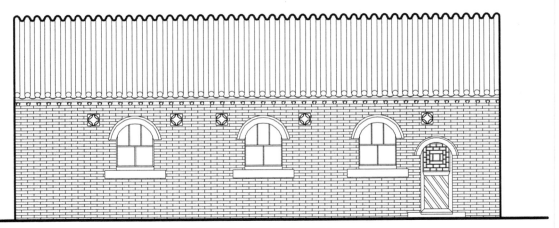

（m）兴隆寺（佛殿）配殿立面图1

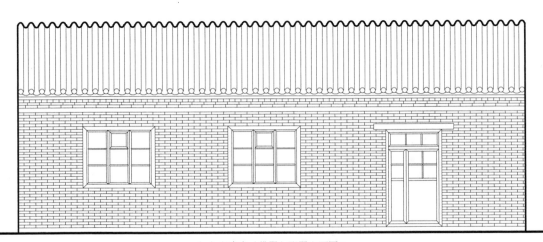

（n）兴隆寺（佛殿）配殿立面图2

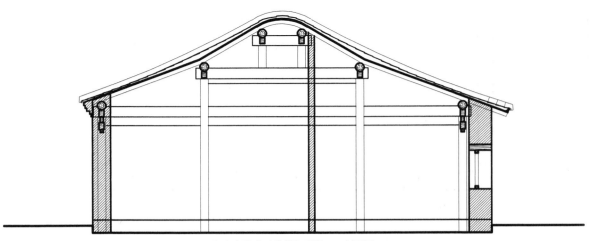

（o）兴隆寺（佛殿）配殿1-1剖面图

图6-6（六）

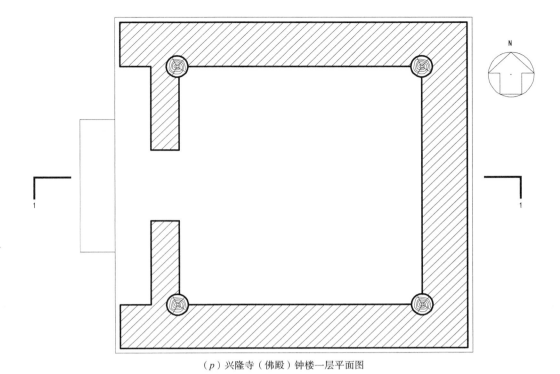

（p）兴隆寺（佛殿）钟楼一层平面图

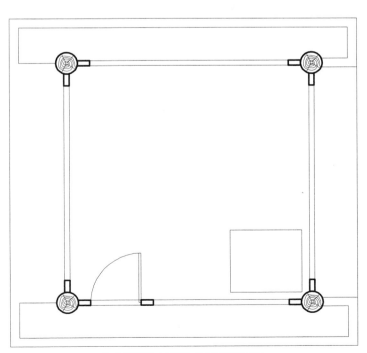

（q）兴隆寺（佛殿）钟楼二层平面图

图6-6（七）

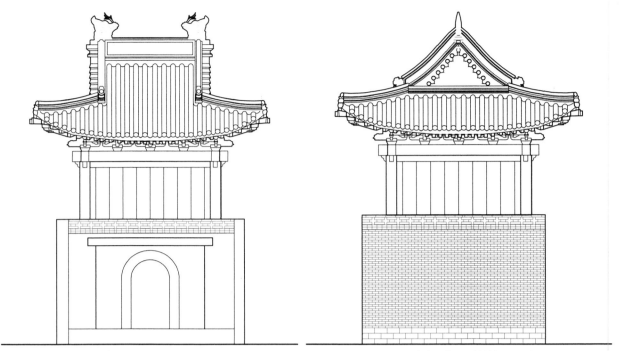

（r）兴隆寺（佛殿）钟楼正立面图　　　　　　　　　　（s）兴隆寺（佛殿）钟楼侧立面图

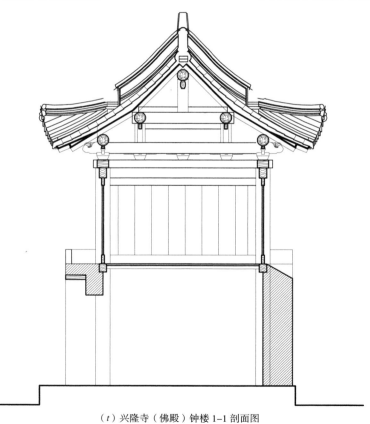

（t）兴隆寺（佛殿）钟楼 1-1 剖面图

图 6-6（八）

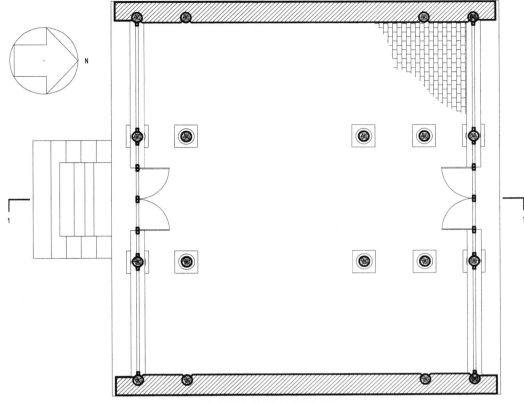

（u）兴隆寺（佛殿）正殿平面图

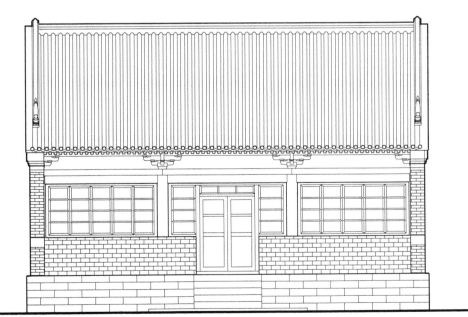

（v）兴隆寺（佛殿）正殿正立面图

图 6-6（九）

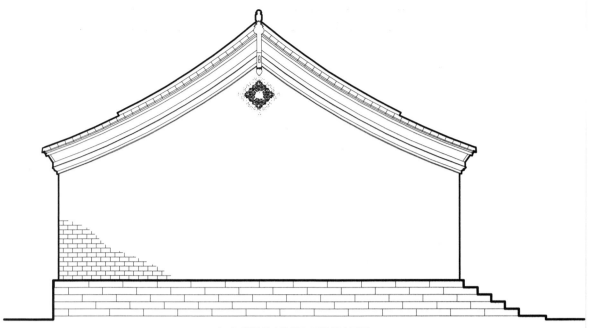

（w）兴隆寺（佛殿）正殿侧立面图

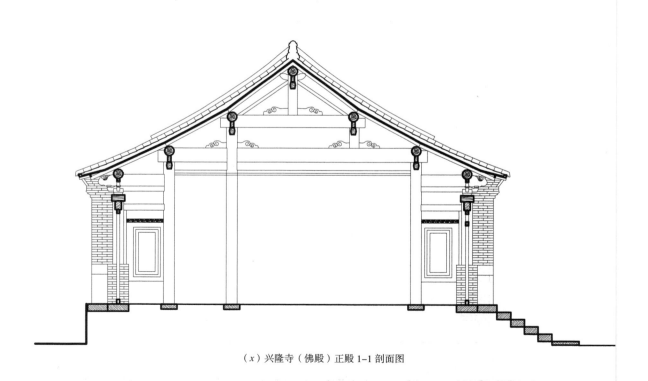

（x）兴隆寺（佛殿）正殿1-1剖面图

图6-6（十）

6.2.3 清真北寺

清真北寺是多伦保存的清真寺中最为完整的一座，始建于清代乾隆三十六年（1771 年），嘉庆三年（1798 年）扩建，是多伦城内最大的一座清真寺。现存有大门、礼拜殿、邦克楼、南北配房，占地面积 2910 平方米，建筑面积575 平方米。

现存主要建筑描述

表 6-3

名称	特色	照片
山门	为一面宽三间、进深两间的前硬山后出歇山抱厦的布瓦顶建筑，现存基本完好	
礼拜殿（正大殿）	为勾连搭后带邦克楼，三间歇山布瓦顶抱厦作为礼拜殿的入口，但装修已被改为钢门窗，殿内面宽五间、进深两间，前面为卷棚歇山布瓦顶，后面为尖山硬山布瓦顶。大殿高十余米，坐落在石台基上，为旧城五座清真寺中最为豪华的建筑	
邦克楼（窑殿）	邦克楼紧接礼拜殿后檐墙体，面宽、进深均为一间的重檐四方亭式建筑。屋顶形式为重檐盝顶式的布瓦顶，梁架保存基本完好，但因年久失修，瓦顶、装修及二层楼板等有轻微破损	
南讲堂（南配房）	为面宽五间、进深一间的硬山布瓦顶建筑，南配房装修已改为现代钢窗，梁架墙体保存较好	

（图片来源：根据测绘资料整理）

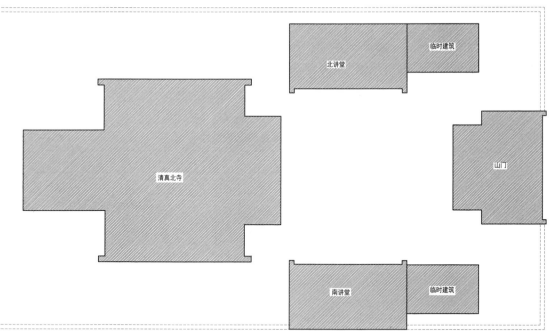

（a）清真北寺总平面图

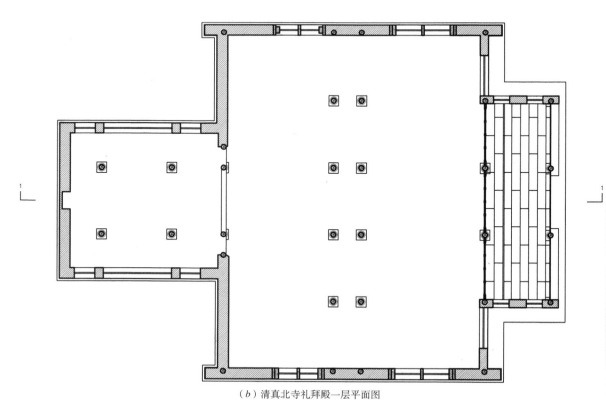

（b）清真北寺礼拜殿一层平面图

图6-7　清真北寺（一）

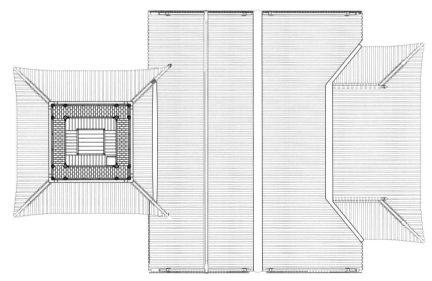

（c）清真北寺礼拜殿二层平面图

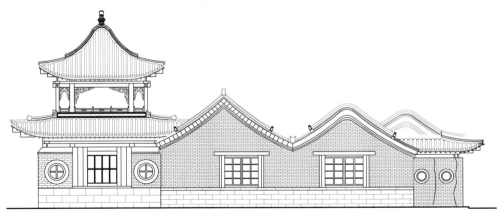

（d）清真北寺礼拜殿南立面图

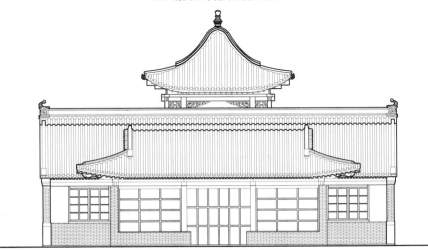

（e）清真北寺礼拜殿东立面图

图 6-7（二）

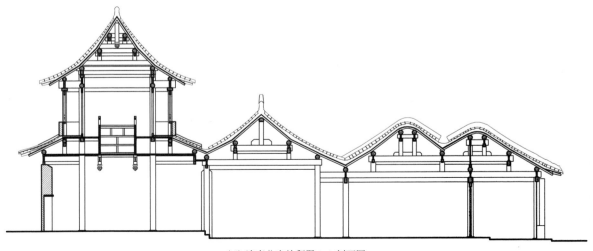

（f）清真北寺礼拜殿1-1剖面图

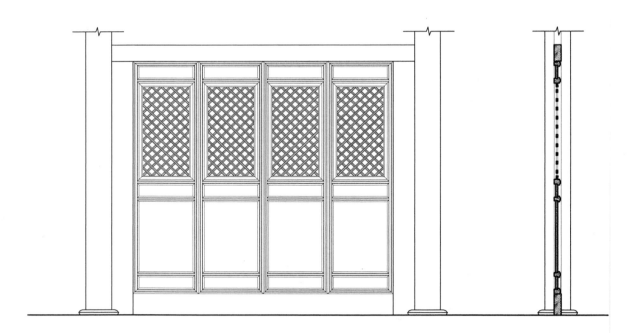

（g）清真北寺礼拜殿门窗大样图

图6-7（三）

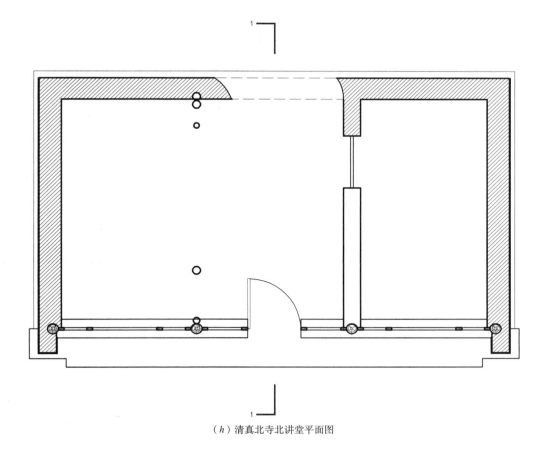

（h）清真北寺北讲堂平面图

（i）清真北寺北讲堂立面图

图 6-7（四）

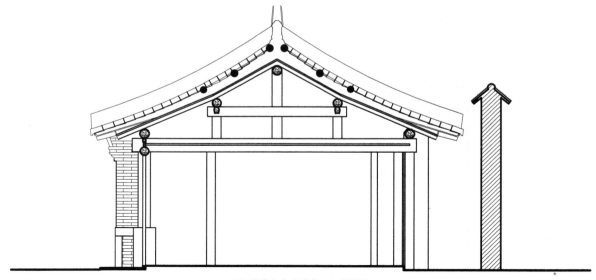

（j）清真北寺北讲堂 1-1 剖面图

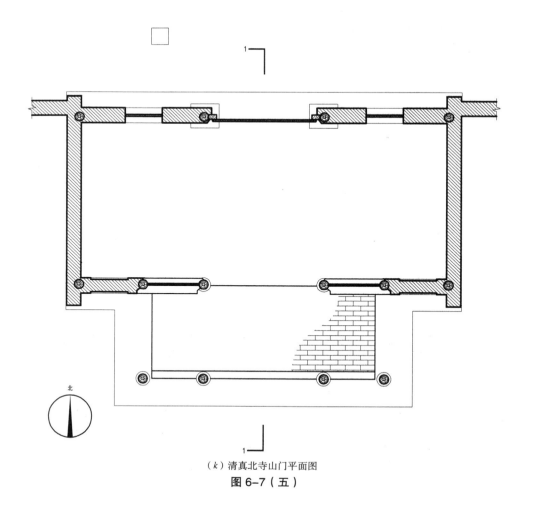

北

（k）清真北寺山门平面图

图 6-7（五）

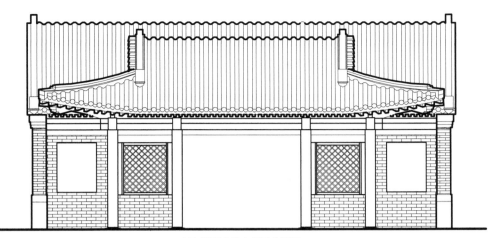

（*l*）清真北寺山门正立面图

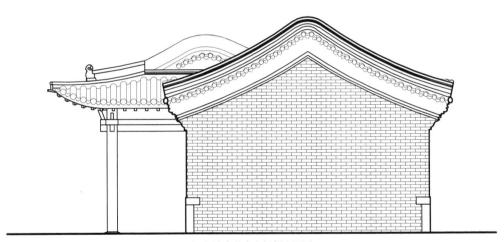

（*m*）清真北寺山门侧立面图

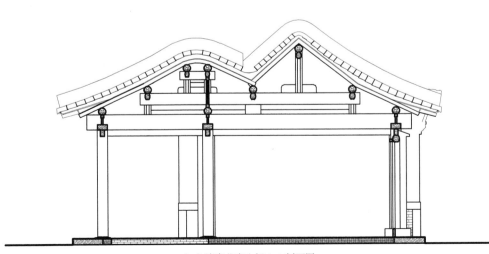

（*n*）清真北寺山门 1-1 剖面图

图 6-7（六）

6.2.4　娘娘庙（碧霞宫）

娘娘庙俗称碧霞宫，又称泰山庙，建于清乾隆四年（1739年），位于多伦县城东盛大街中段，原由木牌楼、山门、钟鼓楼、正殿、配殿、戏楼等组成，为京城富商捐资所建。娘娘庙原占地1250平方米，有大殿4间，偏殿2间，配殿6间，钟鼓楼各1座，其他厢房6间。院中方石铺地，有古柳、古杨各一株，枝繁叶茂。

娘娘庙坐西朝东，占地888平方米，建筑面积356平方米，现仅存正殿和两侧耳房及南北配殿。

原建有牌楼，形式精巧，别具一格，双重檐歇山式木质结构，四柱三间，以青筒板瓦覆顶，如意斗拱承托，飞檐各挂风铃，牌楼底檐下正中悬挂"碧霞宫"匾。正殿为砖木结构，底座由长方形条石砌成，前抱厦为卷棚歇山形式，南北两面皆为窗隔。大殿供奉云霄、碧霄、琼霄三位娘娘。

碧霞宫建筑布局紧凑，高低错落，门窗、柱檐等部位均施彩绘，是多伦诺尔古建筑的代表性建筑之一。

现存主要建筑描述　　　　　　　　　　　　　　　表6-4

名称	特色	照片
正殿	平面"凸"字形，为硬山前出歇山卷棚顶抱厦，抱厦斗拱为三踩单翘，左右两侧各有一间硬山顶小耳房。殿内壁画已毁，彩画保存尚好	
南配殿	面宽三间，进深一间，五檩小式前檐廊硬山布瓦顶	

（图片来源：根据测绘资料整理）

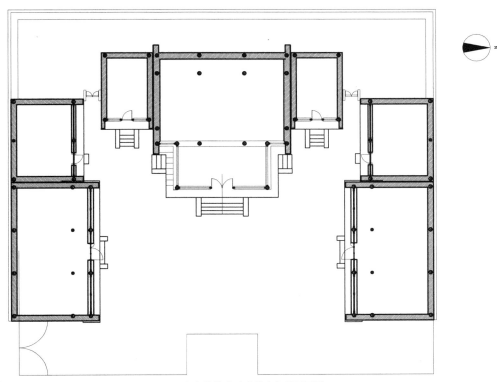

（a）娘娘庙（碧霞宫）总平面图

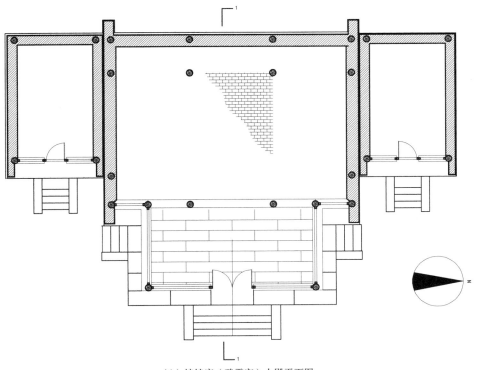

（b）娘娘庙（碧霞宫）大殿平面图

图 6-8　娘娘庙（碧霞宫）（一）

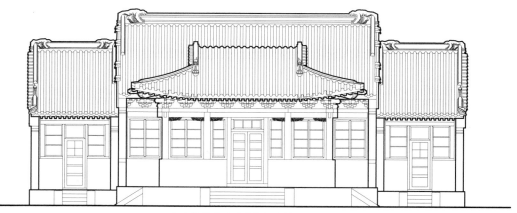

（c）娘娘庙（碧霞宫）大殿立面图

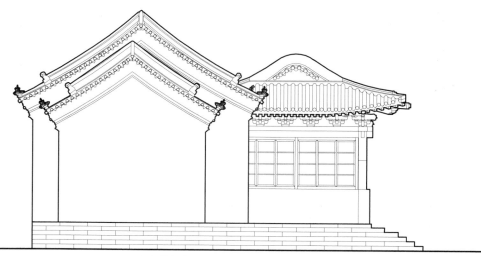

（d）娘娘庙（碧霞宫）大殿侧立面图

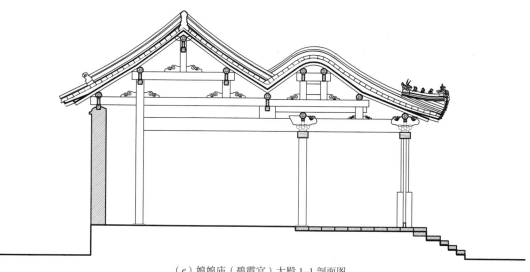

（e）娘娘庙（碧霞宫）大殿 1–1 剖面图

图 6–8（二）

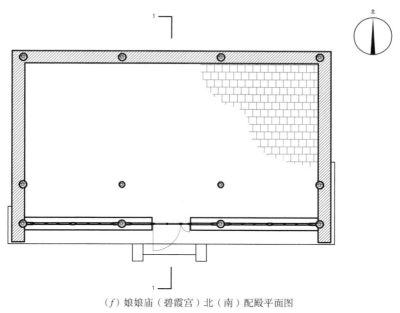

（f）娘娘庙（碧霞宫）北（南）配殿平面图

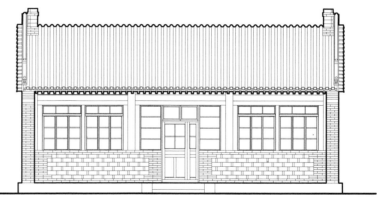

（g）娘娘庙（碧霞宫）北（南）配殿正立面图

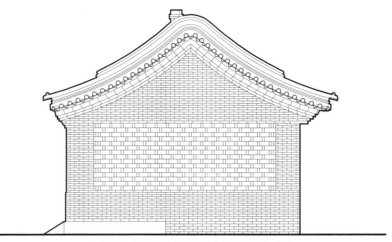

（h）娘娘庙（碧霞宫）北（南）配殿侧立面图

图 6-8（三）

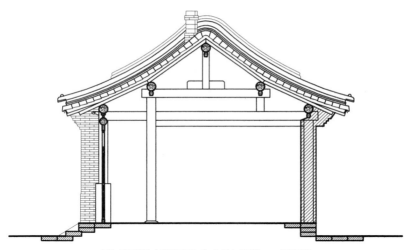

（i）娘娘庙（碧霞宫）北（南）配殿 1–1 剖面图

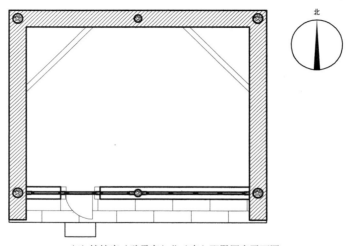

（j）娘娘庙（碧霞宫）北（南）配殿厢房平面图

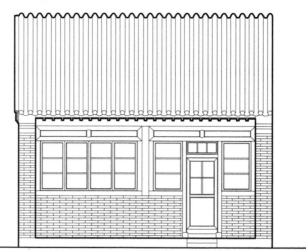

（k）娘娘庙（碧霞宫）北（南）配殿厢房立面图

图 6-8（四）

参考文献

[1] 单德启.从传统民居到地区建筑.北京：中国建材工业出版社，2004.

[2] 彭一刚.传统村镇聚落景观分析.北京：中国建筑工业出版社，1994.

[3] 朱良文.丽江古城与纳西族民居（第二版）.昆明：云南科学技术出版社，1988.

[4] 赵勇.中国历史文化名镇名村保护理论与方法.北京：中国建筑工业出版社，2008.

[5] 中国古镇游编辑部.中国古镇游.西安：陕西师范大学出版社，2004.

[6] 单德启，杨绪波.从传统乡土民居聚落到现代人居环境——关于住区环境和居住品质的探讨.百年建筑，北京.

[7] 李宁.建筑聚落介入基地环境的适宜性研究.南京：东南大学出版社，2009.7.

[8] 陈庆懋."一颗印"传统民居匠作特征研究.2011.

[9] 王承慧，冷嘉伟.从空间意义的角度论传统空间环境保护——以历史名镇同里为例.现代城市研究，2002（6）.

[10] 相西如，李丽.古镇型景区历史文脉传承与发展途径的探讨——以太湖风景名胜区苏州同里景区为例.中国园林，2011（2）.

[11] 程海帆，朱良文.古城的保护设计与保护技术指导.城市问题，2011（12）.

[12] 张春蕾.南北典型合院民居地域差异——立足于北京四合院与云南"一颗印"研究.华中建筑，2011（10）.

[13]《多伦历史名镇保护规划》等.

[14] 网络资源 www.google.com.、www.nitu.com 等.

后　记

本书的编著是集体劳动的成果，先后有多人参加，在多方支持与帮助下才得以完成。

感谢导师单德启教授多年来的谆谆教导。

感谢贾东教授对本书出版的支持和鼓励。

感谢众多教师和学生参与本书的图纸测绘，每张图纸都是他们辛勤工作的成果。

第3章，参与测绘的学生有研究生李丽、熊明、张威、冯丹、慕飞鸿、冯晓润等。

第4章，参与测绘的有贾东教授、张勃教授、钱毅老师，学生王瑞峰、李剑一等。

第5章，参与测绘的教师有王小斌副教授，学生有李丽、周桂林、冯晓润、慕飞鸿、曲宪、林立峰、王瑞峰、刘莹、常萌、樊京伟等。

第6章，参与测绘的学生有张海滨、杨泽宇、江挺、陈伟等。

测绘资料初步完成后，学生缪骊、迪力夏提、樊京伟、常萌参与了部分图纸的排版、整理。

民居测绘、聚落调查研究工作得到了社会各界的大力支持。测绘、调查得到了同里古镇文物保护管理所、丽江和墨规划设计院有限公司、北京清华同衡规划设计院历史名城保护研究中心等各方的支持、帮助与指教，在此一并致以谢意。

整个调查研究及本书的编著工作在院、系的领导下进行，并得到了北方工业大学建筑营造体系研究所各位老师的帮助。